"十四五"新工科应用型教材建设项目成果

新编 世纪 高等职业教育精品教材 装备制造类

增材制造技术基础

主 编◎邱小云 薛 翔 刘 伟

中国人民大学出版社

·北京·

编委会

前 言

党的二十大报告指出，教育、科技、人才是全面建设社会主义现代化国家的基础性、战略性支撑。教育是国之大计、党之大计。职业教育是我国教育体系的重要组成部分，肩负着"为党育人、为国育才"的神圣使命。本教材以习近平新时代中国特色社会主义思想为指导，深入贯彻落实党的二十大精神，将思想道德建设与专业素质培养融为一体，着力培养爱党爱国、敬业奉献，具有工匠精神的高素质技能人才。

随着科技的飞速发展，制造业正经历着一场深刻变革。增材制造技术作为这场变革的先锋，正逐步改变着传统制造模式，为我国制造业转型升级提供了强大动力。在此背景下，我们编写了这本《增材制造技术基础》教材，旨在为广大职业院校学生及相关从业人员提供一本全面、实用的增材制造技术学习指南，以便更好地普及和推广增材制造技术，培养更多高素质的技术技能人才。

本教材以我国制造业发展需求为导向，紧密结合高职院校人才培养目标，遵循"理论联系实际，注重能力培养"的原则，全面介绍了增材制造技术的原理、方法、设备、材料及其应用。本教材的主要特点如下：

（1）系统性：从增材制造技术的概念、典型工艺、常用材料、三维扫描方式、基本制造流程到应用领域，全方位展现了增材制造的技术内涵和应用价值。内容图文并茂，通俗易懂。

（2）实践性：注重理论与实践相结合，通过详细的工艺介绍、软件操作、设备使用案例分析，帮助读者更好地掌握增材制造技术的应用要领。

（3）先进性：通过介绍增材制造技术的最新发展方向，如结构优化设计、复合加工制造、多材料混合制造、机器人增材制造等，帮助读者拓宽视野。

（4）应用性：通过丰富的实例，展示了增材制造技术在工业生产、航空航天、汽车制造、医疗健康等领域的广泛应用。

本教材可供增材制造技术、机械制造及自动化、模具设计与制造、数字化设计与制造技术等专业教学使用，也可供相关领域从业人员，尤其是从事技术研发、产品设计、生产管理等工作的人员参考。

感谢南京中科神光科技有限公司的朱丽和江苏隐石检验检测有限公司的夏建福对本教材编写工作的大力支持。

由于时间仓促，加之编者水平有限，教材中难免存在不足之处，恳请广大读者批评指正。

编 者

目　录

单元 1

增材制造技术概述

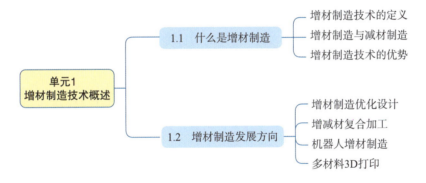

- 单元1 增材制造技术概述
  - 1.1 什么是增材制造
    - 增材制造技术的定义
    - 增材制造与减材制造
    - 增材制造技术的优势
  - 1.2 增材制造发展方向
    - 增材制造优化设计
    - 增减材复合加工
    - 机器人增材制造
    - 多材料3D打印

　　随着科技的不断进步，制造业正在经历一场革命。增材制造技术（又称 3D 打印技术）正在改变着传统的制造模式，它能将复杂的"三维制造"转换为一系列简单的"二维制造"，例如将一个复杂的立体加工分解成许多个简单的平面制造，然后再逐层叠加在一起，从而大幅降低制造难度。

　　增材制造技术具有设计自由度高、节约资源、生产周期短、适合复杂零件修复等优点。它已经在航空航天、医疗、汽车、建筑、艺术设计等领域得到了广泛应用，并展现出巨大的发展潜力。本单元将详细介绍增材制造技术的相关知识，包括其原理、优势、发展方向和应用领域，帮助学生深入了解这一新兴制造技术。

学习目标

1. 理解增材制造技术的原理及其定义。
2. 掌握增材制造与减材制造各自的特点。

3. 了解增材制造在工业应用中的优势。
4. 了解增材制造技术的未来发展方向。

学习重点、难点

1. 增材制造的广义与狭义定义。
2. 增材制造与减材制造的比较。

1.1 什么是增材制造

知识链接

一、增材制造技术的定义

增材制造（Additive Manufacturing，AM）与传统的材料"去除型"加工方法截然相反，是一种基于三维 CAD（Computer-Aided Design，计算机辅助设计）模型数据，通常采用逐层制造方式，通过增加材料直接制造与相应数字模型完全一致的三维物理实体的制造方法。

增材制造的概念有"广义"和"狭义"之分。"广义"的增材制造是以材料累加为基本特征，以直接制造零件为目标的大范畴技术群。而"狭义"的增材制造是指不同的能量源与 CAD/CAM 技术结合、分层累加材料的技术体系。

二、增材制造与减材制造

增材制造技术的基本原理是离散-堆积。

减材制造是传统的金属切削加工，是用刀具从工件上切除多余材料，从而获得形状、尺寸精度及表面质量等合乎要求的零件的加工过程。

自 20 世纪 80 年代末，增材制造技术在美国逐步发展，其间也被称为材料累加制造、快速成型、分层制造、实体自由制造、3D 打印技术等，不同的名称从不同侧面表达了该制造技术的特点。

增材制造技术将表面工程、材料工程、数字建模、自动化控制等多项前沿技术结合在一起，是一门新兴的制造技术，被英国《经济学人》杂志誉为"制造业的革命"！

增材制造和减材制造是两种不同的制造技术，主要有以下几方面的区别。

1. 制造原理

增材制造：增材制造融合了计算机辅助设计、材料加工与成型技术，以数字模型文件为基础，通过软件与数控系统将专用的金属材料、非金属材料以及医用生物材料，按照挤压、烧结、熔融、光固化、喷射等方式逐层堆积，从而制造出实体物品。它是一种自下而上、从无到有的材料累加的制造方法。

减材制造：减材制造是将原材料装夹固定于设备上，使用切削工具去除坯料或工件上多余的材料层，获得具有规定的几何形状、尺寸和表面质量的工件的加工方法。它是一种对原材料进行去除、切削的加工模式。

2. 加工过程

增材制造：先设计好三维模型，然后将模型切片处理，分成若干薄层。接着根据切片信息，使用相应的材料和设备，按照每层的形状进行材料的添加和堆积，一层一层地构建出实体零件。整个过程类似于搭积木，是一个逐步累加的过程。

减材制造：先准备好原材料，然后使用各种切削工具，如车刀、铣刀、钻头等，对原材料进行切削、铣削、钻孔等操作，去除多余的材料，以获得所需的形状和尺寸。减材制造的加工过程中会产生大量的切屑。

3. 材料利用

增材制造：增材制造按需使用材料，几乎没有浪费，能够最大程度地利用原材料。特别是对于一些昂贵的材料，增材制造的材料利用率优势更为明显。

减材制造：减材制造在加工过程中会去除大量的材料，产生较多的废料，材料利用率相对较低。例如，使用传统的机械加工方法制造一个零件，可能需要消耗大量的原材料，而最终得到的零件只是原材料的一部分。

4. 适用材料

增材制造：适用的材料种类包括金属、塑料、陶瓷、复合材料等，并且还在不断拓展。但不同的增材制造技术对材料的要求和适用范围有所不同。

减材制造：对材料的硬度、韧性等物理特性有一定要求，适用于各种金属材料以及一些硬度较高的非金属材料，如木材、塑料等。但对于一些特殊材料或复合材料，减材制造可能存在一定的难度。

5. 制造精度和表面质量

增材制造：增材制造的制造精度和表面质量在不断提高，但在一些情况下，仍然可能存在一定的误差和表面粗糙度。例如，在使用熔融沉积成型（FDM）技术时，材料的挤出和堆积过程可能会导致零件的表面不够光滑。不过，对于一些对精度要求不是特别高的应用场景，增材制造已经能够满足需求。

减材制造：经过长期的发展和优化，减材制造在制造精度和表面质量方面具有较高的水平。通过精确的切削工具和加工参数控制，可以获得高精度、低表面粗糙度的零件，尤其适用于对精度要求较高的机械零件、模具等的制造。

6. 设计自由度

增材制造：能够制造出极其复杂的形状和结构，几乎不受传统制造工艺的限制。可以实现内部具有复杂空腔、弯曲通道、异形结构的零件制造，为产品的创新设计提供了广阔的空间。

减材制造：在制造形状复杂的零件时，可能需要使用多台设备、经过多个加工步骤，甚至需要进行零件的组装，设计自由度相对较低。

7. 生产周期和成本

增材制造：无须模具和工装，设计完成后可以直接进行生产，大幅缩短了产品的开发周期和生产准备时间。对于小批量、个性化定制的生产，增材制造具有成本优势。但是，对于大规模生产，增材制造的设备和材料成本较高，生产效率可能较低。

减材制造：如果是大规模生产，由于可以使用标准化的加工工艺和设备，生产效率较高，成本相对较低。但是，模具的设计、制造和调试需要耗费大量的时间和成本，对于小批量、复杂形状的零件生产，成本较高。

8. 应用领域

增材制造：广泛应用于航空航天、医疗、汽车、建筑、艺术设计等领域。例如，制造航空航天领域的复杂零部件、医疗领域的定制化假体，以及进行汽车行业的原型设计等。

减材制造：在机械制造、模具制造、汽车制造、电子设备制造等传统制造业中应用广泛，是目前工业界使用最广泛的制造方法之一。

三、增材制造技术的优势

增材制造技术具有多方面的优势，具体如下。

1. 设计自由度高

（1）能够制造出极其复杂的形状和结构。传统制造技术对于复杂形状的加工可能存在困难，如内部具有复杂空腔、弯曲通道或异形结构的零件，而增材制造技术可以轻松实现。这为产品的创新设计提供了广阔的空间。设计师可以不再受传统制造工艺的限制，自由地发挥创意。

（2）支持个性化定制。可以根据客户的特定需求，快速、准确地制造出个性化的产品。无论是定制的医疗器械、个性化的饰品，还是特殊规格的机械零件，增材制造都能满足。对于小批量、多样化的生产需求具有很强的适应性。

2. 节约资源

（1）材料利用率高。在传统的减材制造过程中，需要去除大量的材料来获得最终的零件形状，会产生大量的废料。而增材制造是逐层堆积材料，按需使用，能够最大程度地利用原材料，降低材料成本。特别是对于一些昂贵的材料，如钛合金、贵金属等，增材制造的优势更为明显。

（2）可实现多种材料的组合制造。能够将不同的材料按照设计要求进行组合，制造出具有多种材料特性的零件。例如，可以在一个零件的不同部位使用不同的材料，使其在强度、硬度、耐磨性、耐腐蚀性等方面具有不同的性能，满足复杂的使用要求。

3. 生产周期短

（1）无须模具和工装。在传统制造中，模具的设计、制造和调试需要耗费大量的时间和成本，尤其是形状复杂的零件，模具的制作周期可能很长。增材制造技术则不需要模具，直接根据数字模型进行生产，大幅缩短了产品的开发周期和生产准备时间。

（2）快速成型。增材制造设备可以快速地将设计模型转化为实体零件，一般几个小时甚至几十分钟就可以完成一个模型的打印，对于产品的原型制作、小批量生产和快速迭代非常有利，可以加快产品的上市速度，提高企业的市场竞争力。

4. 良好的力学性能

（1）微观结构可控。通过精确控制增材制造过程中的参数，如激光功率、扫描速度、材料进给速度等，可以调控零件的微观结构，使其具有良好的力学性能，如高强度、高硬度、高韧性等。在金属增材制造中，可以获得接近锻造水平的力学性能，满足对零件性能要求较高的应用场景。

（2）实现一体化制造。能够制造出一体化的结构，减少了传统制造中零部件组装带来的误差和连接问题，提高了零件的整体性能和可靠性。例如，航空航天领域中的一些大型结构件，采用增材制造可以实现一体化成型，提高了结构的强度和稳定性。

5. 易于实现远程制造和分布式制造

基于数字模型的制造方式，使得设计文件可以通过网络进行传输，只要在有增材制造设备的地方，就可以根据数字模型进行生产，不受地理位置的限制。这为远程制造和分布式制造提供了可能，方便了企业在全球范围内进行生产布局和资源调配，也为一些偏远地区或应急情况下的生产提供了便利。

6. 适合复杂零件修复

对于一些已经损坏的高性能零件，增材制造技术可以在受损部位精确地添加材料，进行修复和再制造，使其恢复原有的性能。例如，在航空航天、机械制造等领域，一些关键零部件的修复采用增材制造技术，可以节省大量的成本和时间，延长零件的使用寿命。

1.2　增材制造发展方向

 知识链接

一、增材制造优化设计

在进行产品设计时，设计师总是力求让产品的结构更加合理、材料使用更节约、能耗降至最低、成本尽可能减少，同时确保产品的工作性能达到最佳。这些目标实际上就是产品设计中的最优化要求，也是产品设计过程中必须解决的核心问题。所谓产品优化设计，指的是在满足给定约束条件的前提下，合理选取设计变量值，以找到产品的最佳设计参数。这样可以显著提升产品的设计性能，有效降低成本，进而增强企业产品的市场竞争力。

增材制造技术与产品优化设计之间紧密相连，如图 1.1 所示。

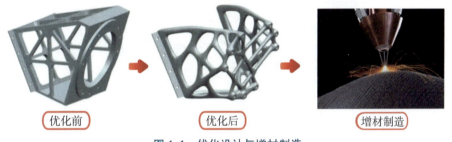

优化前　　　　优化后　　　　增材制造

图 1.1　优化设计与增材制造

将产品优化设计与增材制造技术相结合，能够有效促进制造业的进步和创新，其主要体现在以下两个方面。

（1）提升设计效率：通过将产品优化设计与增材制造技术融合，能够大幅减少产品从设计到制造所需的时间。设计师能够迅速对设计方案进行测试和验证，并根据结果进行快速调整和完善。

（2）创新产品设计：增材制造技术赋予了设计师更大的创作空间，使他们能够设计出更为复杂和独特的产品结构。这种设计上的创新不仅有助于提升产品的性能和质量，还能够让产品在市场上更具竞争力。

1. 轻量化设计

在现代制造业中，轻量化设计已经成为产品优化设计的一个重要手段和途径。运用轻量化设计能够有效减少产品重量，提高产品的便携性和能效，从而更好地提升产品的市场竞争力。要达到这一目标，通常会在产品设计中应用晶格结构和拓扑优化。这两种轻量化设计方法在传统产品设计中很难实现，但通过 3D 增材制造技术，可以较为容易地实现这些设计目标。

晶格结构其实是 3D 打印中一种特殊的填充方式，它拥有一些独特的优点，使其成为轻量化设计中一个非常有效的设计方式，如图 1.2 所示。在利用 3D 打印技术设计零件或产品时，晶格结构具有许多传统产品设计方法无法实现的优势，具体包括以下几点。

（1）节约材料：通过在结构设计时巧妙运用晶格结构，可以大幅减少非关键区域的材料用量，这样就可以显著降低材料消耗，大幅减少成本开支。

（2）轻量化：节省材料的一个直接好处就是重量减轻。产品设计中选择不同的晶格类型，可以实现

不同程度的轻量化效果，使产品更加轻便。

（3）吸收能量：晶格结构本身具有很好的能量吸收特性。通过调整不同区域的晶格密度或者改变晶格类型，产品能够有效吸收来自不同方向的能量，从而提高产品的安全性与耐用性。

（4）增大表面积：晶格结构的表面积远大于同等体积的实心结构。这一点对于需要增大表面积来实现功能的热交换器或化学催化剂的结构设计尤为有益，可以有效提升其工作效率。

（5）美观性：晶格结构还拥有一种独特的美感。如今，越来越多的设计师开始将晶格元素融入消费品设计，这不仅增加了产品的视觉吸引力，也提升了产品自身的独特性。

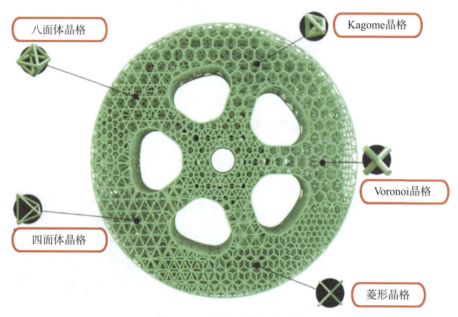

图 1.2　五种不同的晶格结构

例如，意大利的产品设计公司 Puntozero 与 Formula SAE 的 Dynamis PRC 团队合作，为电动赛车中的高压转换器设计了一款基于晶格结构的冷板，如图 1.3 所示。这款冷板的结构设计相比之前的设计方案而言，在重量上减轻了四分之一，但其表面积却扩大了三倍之多。这样的改进不仅使这款产品更加轻便，还显著提升了其散热效率和工作性能。

图 1.3　电动赛车中的冷板晶格结构设计

NanoHive Medical 是一家美国公司，其专注于设计一种特别的脊柱植入物，这种植入物被用于治疗退行性脊柱疾病，如图 1.4 所示。在这个产品设计中，晶格结构的巧妙运用可以降低植入物的刚度，使得更多的力量能够传递到脊柱本体，这样做有助于减少钛质植入物周围的骨骼萎缩现象，使患者快速康复。

3D 打印的自行车坐垫在市场上一直非常受欢迎，许多自行车配件制造商纷纷推出了自己设计的坐垫。这些坐垫不再使用泡沫填充物，而是采用晶格结构，如图 1.5 所示。通过 3D 打印技术，在不同部位打印出不同形状和尺寸的晶格，这样的结构设计可以实现可调节的支撑力，使得坐垫不仅坚固耐用，还具有良好的通风性和便于清洁的优点。

图 1.4　脊柱植入物的晶格结构　　　　图 1.5　自行车坐垫的晶格结构

晶格结构还包含错综复杂的内部连接和节点，这样的结构设计用传统制造方法难以实现。然而，增材制造技术通过数字化建模和直接打印成型，能够轻松制造出各种复杂程度的晶格结构，如图 1.6 和图 1.7 所示。无论是网状、直线、三角形、六边形还是立方体，3D 打印技术都能精确将其实现。

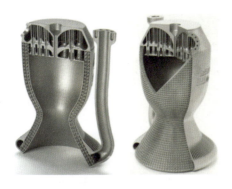
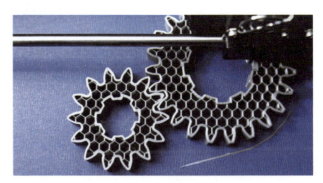

图 1.6　火箭发动机的晶格结构壁设计　　　　图 1.7　机械传动中的齿轮晶格结构

nTop 是由 nTopology 公司开发的一款专门针对增材制造领域的创成式设计软件。这款软件为用户搭建了一个极具自由度和灵活性的设计环境，如图 1.8 所示。作为一款服务于增材制造的设计工具，nTop 在创建晶格结构方面具有强大的功能和显著优势。设计师可以通过 nTop 软件，高效且迅速地将晶格结构应用到产品创新设计中。晶格结构本身具备的诸多优点，比如减少材料消耗、提升能量吸收和增大表面积，为产品创新设计带来了更多的可能性。

2. 拓扑优化

拓扑优化是另一种产品优化设计方法，用于确定零部件中材料的最佳布局。这种优化方法通过改变物体内部构造，在确保满足力学性能要求的同时，尽可能减少材料的使用，以此实现轻量化设计。采用拓扑优化方法，设计师能够打破传统设计的束缚，设计出前所未有的、功能更好的产品结构，如图 1.9 所

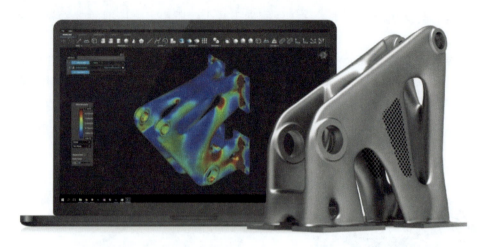

图 1.8　晶格设计软件——nTop

示。将拓扑优化与增材制造相结合，可以得到一种创新的工程解决方法。这种结合为产品设计领域带来颠覆性的变革，使得产品设计更加高效，材料使用更加合理。

图 1.9　固定件的拓扑优化设计

拓扑优化作为一种设计方法，早在 3D 打印技术出现之前就已存在。然而，3D 打印技术的兴起大大促进了拓扑优化方法的广泛应用，这是因为拓扑优化所生成的复杂结构往往难以通过传统加工方式来实现，而 3D 增材制造的主要优势就在于可以加工制造任意复杂的几何结构。

近年来，增材制造与拓扑优化的融合技术在制造业中的应用日益广泛，主要体现在以下三个方面。

（1）设计创新：通过将拓扑优化与增材制造相结合，设计师们可以打破传统制造的束缚，设计出性能更优、重量更轻、形状更复杂的产品。

（2）高效制造：增材制造能够快速将拓扑优化后的复杂产品结构转化为实物，省去了制造复杂模具和工具的环节，显著缩短了产品从设计到生产的开发周期。

（3）材料优化：拓扑优化能够精确计算出材料在结构中的最佳分布，而增材制造则能根据优化后的材料分布精确制造产品。这种双重优化，实现了材料与设计的完美结合。

在航空航天领域，利用 3D 打印和拓扑优化技术，可以制造出更轻且更坚固的飞机零部件。这种优化后的零部件能够有效减少燃油消耗，并提升飞行效率，对于航空公司来说，可以大幅节省运营成本。比如，空中客车 A320 飞机就采用了拓扑优化后的钛金属 3D 打印件，即图 1.10 所示的机舱铰链支架。

同样，3D 打印结合拓扑优化在汽车制造业中的应用也很普遍，如图 1.11 所示。目前，几乎所有的一级方程式赛车队都在使用增材制造所生产的赛车零部件。通过拓扑优化方法，车队能够大幅改进零件结构，减轻重量，从而显著提升赛车性能，这在竞争激烈的赛车运动中尤为重要。

图 1.10　拓扑优化后的航空结构件

图 1.11　拓扑优化后的汽车结构件

在拓扑优化过程中，所有的复杂计算都由专门的软件来完成。这些软件可以是独立运行的程序，也可以是集成在计算机辅助设计（CAD）软件中的功能模块。比如图 1.12 中的 Ansys Discovery 软件，就是一个专门用于拓扑生成优化的设计工具。这款软件把增材制造和拓扑优化两种技术结合在一起，不仅能有效提升零部件的结构强度，还可以实现减轻重量和降低成本的目标。这样的技术融合，正在成为工业设计与制造领域的一个重要发展趋势。

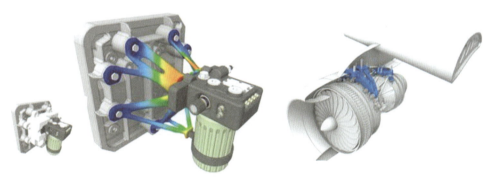

图 1.12　拓扑优化软件——Ansys Discovery

二、增减材复合加工

增材制造与减材加工是两种截然不同的制造方法，具有各自的特色和不同的应用场景。增材制造的一般流程如图 1.13 所示，减材加工的一般流程如图 1.14 所示。

| 材料 | 增材制造 | 3D零件 | 废料 |

图 1.13　增材制造的一般流程

图 1.14　减材加工的一般流程

近年来，增材制造和减材加工在制造业领域中都取得了快速发展。增材制造技术不仅颠覆了传统的原材料切削和组装的生产方式，还推动了生产模式从大规模批量化生产向个性化定制生产的转变，因此被麦肯锡公司列为到 2025 年将对经济产生重大影响的十二大颠覆技术之一。而传统的数控加工技术（也就是减材加工）也日趋成熟，能够加工出复杂的曲面零件，并且具有很高的加工精度，已经成为现代制造技术的基础，成为衡量一个国家制造业水平的重要标志。

但是，这两种技术也都有其难以克服的缺陷。增材制造虽然能制造出几乎任意复杂的工件，但它的加工精度往往达不到生产要求，限制其进一步的应用。而数控加工技术（减材加工）由于切削量大和刀具等因素的影响，难以加工形状复杂的工件和硬质材料，这也影响到其加工效率。

正因为如此，结合了增材制造和减材加工优点的增减材复合加工技术应运而生。这种新技术不仅融合了两者的长处，还弥补了各自的不足，使得在加工各类复杂工件时更加灵活和高效，将成为制造业下一个关注的焦点和热点。

增减材复合制造概念的诞生最早可以追溯到 1996 年，当时美国的一些学者开发了一种名为形状沉积制造的加工工艺。这种新工艺将电弧熔融沉积与机械加工结合起来，先通过电弧熔融的方式进行增材制造，再利用减材加工对成型后的部件进行精加工。例如，将堆焊工艺和铣削加工进行集成，整合到一台三轴数控机床上，通过对增材制造的部件表面进行铣削加工，实现一种基于堆焊和铣削工艺的增减材复合加工方法，如图 1.15 所示。

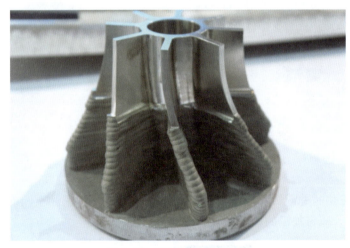

图 1.15　增减材复合加工件

增减材复合加工实际上是一种将产品设计、软件控制、增材制造和减材加工融合在一起的新工艺，其工艺流程如图 1.16 所示。首先利用计算机生成待加工零件的 CAD 模型，再将其按照一定的厚度进行分层切片处理，这样就将一个三维零件模型转换成一系列二维截面数据；然后将这些分层截面信息与金属打印参数相结合，生成增材制造的加工路径代码，实现三维实体零件的增材加工。

接下来，对增材加工后的实体零件进行特征提取和测量。将测量结果与原始 CAD 模型进行对比，找出存在形状误差的区域。根据这些误差信息，再利用减材加工技术对零件进行进一步加工与修正，直到实体零件完全符合产品设计要求。图 1.17 所示为一个具体的工业产品增减材加工流程。

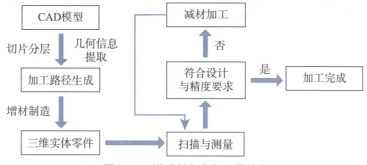

图 1.16　增减材复合加工的流程

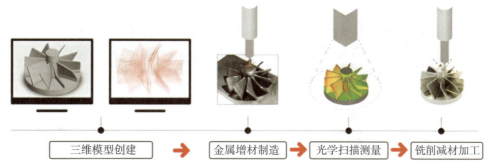

图 1.17　叶轮部件的增减材复合加工

增减材复合加工主要有以下优点。

（1）显著提升生产效率：增材制造和数控加工能在同一台设备上同步进行，无须中途更换设备，这样可以减少工件搬运和人工操作的时间，这种高度的自动化可使生产效率大幅提升。以大型模具生产为例，传统加工方法可能需要 1～2 个月的时间，而采用增减材复合一体机，最快只需 1～2 周就能完成模具制造并投入使用，大幅缩短了生产周期。

（2）更高的加工质量：相较于单一 3D 打印技术，增减材一体化制造先通过 3D 打印构建出工件的复杂形状，再利用数控机床进行精加工和修正。这样做不仅可以满足复杂工件对结构形状的高要求，而且还可以借助数控机床的精确加工，有效提高工件的制造精度和表面质量。

（3）节省材料，降低成本：与传统的减材加工方法相比，增材制造技术可以实现工件的近净成型制造，大幅提高了材料利用率，减少材料浪费。同时，增减材一体化制造还对复杂工件的生产流程进行简化，显著降低了产品开发成本和人工成本。

（4）促进设计优化与创新：增减材一体化技术打破了传统制造工艺对结构设计的约束，使得许多复杂曲面结构的设计也成为可能。这一技术让产品设计的灵活性更高，帮助制造企业更快、更好地生产各类复杂定制件，推动产品设计的新发展。

一个标准的增减材复合加工系统主要由以下几部分组成：增材制造单元、数控加工中心、自动送料系统、软件控制系统以及辅助设备，如图 1.18 所示。

图 1.19 所示为 DMG 公司研发的一种 3D 打印铣床的工作流程。这台新式"复合机床"结合了五轴喷粉堆焊和五轴联动铣削技术，能够交替进行堆焊与铣削加工。这种多功能加工特性使其可以高效制造形状极其复杂的零件，并且经过这台复合机床加工后的零部件，可直接用于生产应用，而不需要再进行任何后续处理。

金属增材制造　　　　CNC减材加工

图 1.18　复合加工系统中的核心部分

1. 激光堆焊　　　　2. 内部换刀

4. 最终成品　　　　3. 铣削加工

图 1.19　3D 打印铣床的复合加工流程

复合加工技术结合了增材和减材两种加工方法的长处，使其能够快速高效地制造出高精度、高品质的复杂零件，尤其适合生产形状复杂、品种多样、批量小的工业零部件，因此具有非常广泛的应用潜力。目前，增减材复合加工技术还处于起步阶段，对于军事和航空等需要高价值、高精度加工的领域来说，这项技术具有非常重要的意义，是推动中国制造业从规模大向质量强转变的关键机遇。

三、机器人增材制造

随着增材制造技术在工业领域的广泛应用，大型构件的增材制造成为业界焦点之一。所谓大尺寸增材制造技术，就是通过 3D 打印设备高效生产出尺寸较大的部件。与传统 3D 打印相比，这种增材制造工艺依赖机械臂技术，也被称作机械臂 3D 打印或者机器人增材制造（RAM）技术，因此具有更高的灵活性和效率，能够制造出长度、宽度和高度达到数米甚至数十米的大型和超大型构件，正在迅速成为推动制造业变革的新动力。

RAM 技术的工作原理是：通过专业的 3D 打印软件来编写多轴工具的加工路径，操作人员为 3D 打印头和机械臂编写对应指令，从而实现复杂结构的 3D 打印。这一过程省去了传统 3D 打印中需要对打印层进行分层切片的步骤。通过将 3D 打印头和多轴机械臂结合，RAM 技术使得 3D 打印机比传统三轴机器更加灵活，为大型构件的制造提供了更多可能性，如图 1.20 所示。

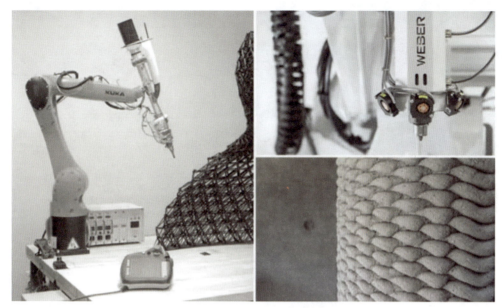

图 1.20 机器人大尺寸增材制造

1. 机器人增材制造的优点

机器人增材制造具有如下两个优点。

（1）突破传统 3D 打印工艺在尺寸上的限制，使大型构件的构建成为可能。

在航空航天、船舶建造、能源设施等领域，常常需要制造体积庞大且形状复杂的关键零部件。由于传统 3D 打印技术受到设备尺寸和工艺的限制，很难一次性完成这些大型构件的制造。具有大范围空间运动能力的机械臂，为 3D 打印带来前所未有的设计灵活性。这种机械臂 3D 打印技术能够从多个角度进行打印，轻松实现复杂弯曲的几何形状，大大扩展了打印尺寸，将零部件制造从厘米级别提升到了数米级别。

以机器人增材制造中的横向打印技术为例，这种技术是将打印喷嘴保持水平，同时使用一个可以移动的打印床。打印过程中，打印头在打印床上沿着垂直方向逐层打印，使得工件在水平方向上不断增长，直到整个打印过程完成，如图 1.21 所示。通过改变打印方向，这种新技术能够轻松克服设备高度的限制，实现超大尺寸零部件的打印，有时可达到 6m 甚至更大尺寸。这种打印新技术不仅让大型工件的生产变得更简单，还大幅减少制造过程中对大型部件的不必要的拆分，从而显著提升生产效率。

（2）无须添加额外支撑结构，进一步提高设计自由度，节省材料成本。

在 3D 打印过程中，支撑结构扮演着至关重要的角色。没有支撑结构，打印的物体会因为重力或其他外力而发生变形或塌陷。但是支撑结构也带来许多额外的材料成本，增加后续处理的工作量，有时还可能损坏模型表面。机械臂 3D 打印技术的出现，为解决这一问题提供了新思路。它能够实现自主支撑，特别是在处理复杂的悬空结构设计时，机械臂可以通过构建平台的重定位，完成这些复杂结构的无支撑打印。

如图 1.22 所示，来自巴塞罗那的设计师 Petr Novikov 和 Sasa Jokic 共同研发了一种机器人增材制造打印技术。他们首先使用计算机辅助设计软件设计产品形状，然后开发了一款软件控制系统，将 CAD 设计模型转换成三维曲线。接着，这套系统控制机械臂按照这些曲线路径进行 3D 打印，直到产品被完整打印出来。在此过程中，机器人增材制造系统利用一种热固性聚合物作为打印材料，这使得机械臂能够在垂直、光滑甚至是凹凸不平的表面上进行打印，完全不依赖任何支撑结构。

图 1.21　机器人横向大尺寸打印

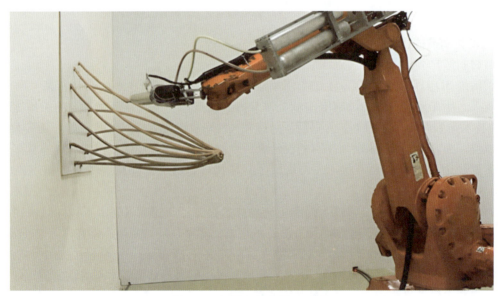

图 1.22　机器人无支撑 3D 打印

2. 机器人增材制造在建筑业的应用

随着科技的持续发展和创新，建筑业正积极探索技术改革的新途径。为了改进工作效率、降低成本、提升建筑质量以及优化工作环境，建筑业开始引入工业机器人和 3D 打印技术。在这些技术革新中，3D 打印建筑正成为一个重要发展方向。如图 1.23 所示，这种建筑新方法建立在机器人 3D 打印技术的基础上，通过机械臂来进行 3D 打印，使得楼宇建造变得更加高效和精确。

作为一种新兴的建筑施工方法，建筑 3D 打印技术对机器人提出了与传统制造业不同的特殊需求，具体要求如下。

（1）大规模作业能力：与在工厂环境中处理中小型部件的传统机械臂不同，建筑 3D 打印机器人面对的是大尺寸和超大尺寸的物体，比如墙体、整个楼层甚至整个建筑物。这就要求机器人具有更大的工作空间范围和更高的承载能力，以满足建筑工地的实际操作需求。

图 1.23　建筑行业中的机器人增材制造

（2）高精度与稳定性：在 3D 打印建筑的过程中，每一层的准确叠加非常重要，这直接关系到建筑结构的稳固性和安全性。机器人必须能够在长时间工作中保持高度的精确性，并且在面对复杂的外部环境，如风力、温度变化等因素时，仍能保持稳定的工作状态，以减少打印误差。

（3）自动化与智能化：由于建筑 3D 打印通常在户外进行，机器人需要在大面积的工作空间中实现高度自动化，能够自主导航、识别障碍并调整打印参数以适应不同的施工条件。此外，机器人还应具备智能决策能力，能够实时监控打印过程，并根据实际情况调整打印策略，以应对可能出现的突发情况。

（4）耐用性和维护简便：考虑到建筑工地环境较为恶劣，机器人需要有坚固耐用的结构设计，能够抵御灰尘、水分和极端温度的影响。同时，为了确保施工的连续性，机器人应设计成易于维护和修理的形式，以减少因故障而导致的停工时间。

（5）安全性：在施工现场，机器人需要与工人共同作业，因此必须具备先进的安全防护措施，以防止发生意外伤害。确保机器人在 3D 打印建筑过程中的安全性，是保障施工现场人员安全的重要一环。

图 1.24 所示为一座位于意大利马萨伦巴达的独特建筑——TECLA，这座建筑是通过机器人 3D 打印技术建造而成的。它由两个相互连接的圆顶结构组成，外观上可以看到明显的肋状设计。这座建筑是由 350 层波浪形状的 3D 打印黏土一层层堆叠而成，这样的设计不仅让建筑结构更加稳固，还能有效隔绝热量。

该建筑在建造过程中应用了一种先进的 3D 打印设备，这种设备拥有两个同步操作的机械臂。每个机械臂都能在一个 50m² 的区域内进行打印，这使得两个机械臂可以同时制造建筑组件，大大提高了建造效率。采用这种机器人 3D 打印技术，整个建筑，包括其复杂的几何形状和外部脊线，仅用 200h 就能完成生产建造。

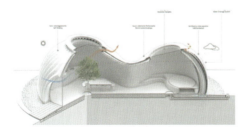

图 1.24　基于机器人增材制造的建筑打印

在图 1.25 中，比利时 Kamp C 公司利用欧洲最大的 3D 打印机，成功打印出一整栋两层的楼房。这栋房子的居住面积达到 90m²，通过一台固定式的 3D 混凝土打印机一次性打印完成。相较于传统建筑方法，这栋两层楼房的建造过程节省了大约 60% 的时间、成本和耗材。即便将所有打印天数都累加在一起，这栋房子的打印时间也不到三周。

图 1.25 基于机器人增材制造的楼房打印

3. 机器人增材制造在制造业的应用

机械臂与定向能量沉积增材制造技术的结合，提供了一种突破传统金属 3D 打印加工尺寸的新方法。以直接能量沉积技术中的电弧增材制造（WAAM）为例，它利用电弧焊技术来实现金属部件的 3D 打印，如图 1.26 所示。

WAAM 的工作方式其实很简单，就是用电弧作为热源来熔化金属丝。在此过程中，机械臂起到了关键的控制作用，它帮助金属打印头在基板材料上构建出所需的形状。当打印完成后，只需将零件从基板材料上切割下来即可。金属丝在熔化过程中会以小珠粒的形式被挤压在基材上。这些小珠粒相互黏合，最终形成一层金属材料。不断重复这一过程进行层层堆积，直到整个零件完成打印。

机械臂控制的 WAAM 工艺特别适合制造大型金属零件。这是因为 WAAM 打印机的机械臂拥有较高的运动自由度，使得打印件的大小不再受到空间限制，而只受机械臂活动范围的约束，可以高效生产出更大尺寸的零部件。

图 1.26 电弧增材制造工艺

例如，西安交通大学卢秉恒院士及其团队利用电弧熔丝增减材一体化制造技术，成功制造出世界上第一个长度达到 10m 的高强度铝合金重型运载火箭连接环样件，如图 1.27 所示。Naval 集团也为法国海军的一艘舰艇应用了这项电弧熔丝技术，制造出一个完整的 3D 打印螺旋桨，如图 1.28 所示。该 3D 打印螺旋桨的跨度达到了 2.5m，由 5 个独立叶片组成，每个叶片的重量达到 200kg。

图 1.27　机械臂打印的火箭连接环

图 1.28　机械臂打印的螺旋桨

四、多材料 3D 打印

多材料 3D 打印技术是一种高级增材制造方法，它能够在一次打印过程中精确地将多种不同的材料层层叠加，从而制造出具有复杂结构或多种特性的产品，如图 1.29 所示。这种技术的应用范围极其广泛，涵盖了汽车、航空航天、医疗器械以及日常消费品等多个领域的生产制造。尽管这项技术面临着材料间的兼容、打印速度的提升以及成本控制等挑战，但它仍在不断进步，并展现出巨大的市场前景。未来，多材料 3D 打印技术有望成为先进制造业的一个重要组成部分，为新产品设计和制造带来无限的可能性和创新空间。

图 1.29　利用多种材料打印的零部件

1. 多材料结合方式

多材料 3D 打印的结合方式主要有三种：同质结合、异质结合和分层结合。

（1）同质结合：这种方式的结合是将相同类型的材料以不同的组合方式搭配使用，以此来获得不同的性能或外观效果。例如，如果需要一个零件在不同部分具有不同的硬度，可以将硬质塑料和软质塑料结合在一起，这样就能满足单一零件中的不同硬度要求。对于金属材料，可以通过调整金属合金中的材料比例或者热处理方式，实现材料硬度和强度性能的改变。

（2）异质结合：这种方式是将完全不同类型的材料组合在一起，以实现更加复杂的零件功能或性能。例如，金属和塑料的结合，可以在塑料的表面涂覆上一层金属，可以增加产品的导电性或者改善产品的美观性；陶瓷和金属的结合，通过 3D 打印技术在金属基材上添加陶瓷材料，可以提高产品的耐磨性或耐高温能力；生物材料和非生物材料的结合，在具有生物相容性的树脂中加入导电材料，可以制造出用于生物医学领域的电子器件。

（3）分层结合：这种方式是将不同的材料一层层地叠加起来，构建出具有复杂内部结构的物体。比如，采用交错堆叠的方式，通过交替堆叠不同材料层，使得一个物体能够具备多种属性和功能。又如"核心＋外壳"的方式，在物体对象的外壳材料内部添加一个核心结构，为物体提供额外的支撑或者实现特定功能。

2. 如何实现多材料打印

为了打印出复杂的多材料 3D 产品，需要开展一系列准备工作，包括挑选合适的打印机喷头、设计软件，以及搭配不同的打印材料，同时还要掌握一些打印技巧。

首先，必须使用能够同时搭载多个喷头的 3D 打印机。这类打印机可以同时使用多个打印喷头，从而实现不同材料的混合打印。挑选合适的喷头和材料是关键，这样才能在一次打印过程中完成多种材料的组合。

其次，还需要使用合适的设计软件，并应用一定的建模技巧。目前市面上流行的 3D 建模软件，如 SolidWorks 和 Fusion360，都支持多材料 3D 打印功能，并提供相应的插件。利用这些工具，可以将待打印模型分割成多个部分，并为每个部分指定合适的打印材料。此外，在结构设计时，要充分考虑每种材料的特性及其适用场景，以确保打印出的产品满足所需的性能和功能要求。

最后，还必须考虑不同材料之间的相容性和黏附性。如果材料之间不能很好地黏合，打印出的产品就会出现分层或断裂的问题。因此，在选择材料组合时，要仔细阅读 3D 打印机的使用说明，参考相关实验数据，确保所选材料能够相互兼容，且具有良好的黏合力，从而能够顺利地打印出复杂的多材料产品。

3. 多材料 3D 打印优势

（1）设计灵活性的提高（产品创意无限）。多材料 3D 打印技术让设计师能够在一次打印中创造出不同颜色和材料特性的产品，极大地扩展了产品设计空间，让设计师具有更多的创造自由；利用多种材料的组合，还可以打印出传统制造方式难以实现的复杂产品结构，比如制作出内部具有不同硬度、柔韧性或导电性的零部件。

（2）产品功能性的提升（一体化功能）。多材料 3D 打印能够将不同的功能需求，如坚硬、柔软、导电等，集成在同一个产品中，从而使得产品能够适应更加多样化的应用场景；通过对不同材料的合理搭配和布局，还可以有效优化产品的整体性能，比如增强其强度、减轻重量或者改善其散热效果等。

（3）生产效率的提高（组装过程简化）。多材料 3D 打印能够一次性打印出原本需要用不同材料分别制造并组装的多个部件，这不仅简化了生产步骤，还大幅提升了生产效率，同时也有效降低了组装成本。

4. 多材料 3D 打印的挑战

（1）材料匹配问题：不同材质在硬度、耐热、导电等方面表现不同，这使得它们在 3D 打印时可能不兼容。这种不兼容性会导致打印出的物品在不同材料的交界处出现裂缝或黏合不牢的问题。

（2）打印精度挑战：在进行 3D 打印时，要想让不同材料紧密黏合，需要非常精确的控制技术。目前，这种高精度控制在大尺寸或快速打印方面还存在一些难题。

（3）打印速度问题：与单一材料打印相比，多材料打印更为复杂，涉及多种材料的打印、固化、叠加等问题，这使得打印过程变慢，整体效率不高。

（4）材料选择与改进：为了确保不同材料能够良好结合，选择合适的材料非常关键。需要挑选那些相互兼容、热性能和化学性质相近的材料，并对这些材料进行改进，以保证结合的质量和性能。

（5）打印工艺调整：针对不同材料的特性，需要对打印工艺进行优化，包括调整打印参数和后续处理步骤。这要求充分考虑材料间的黏合力、热传导性等因素，以提升打印效果。

5. 多材料 3D 打印的应用

全彩 3D 打印是多材料 3D 打印技术的一种重要应用形式，相比只能打印单一颜色的传统 3D 打印技术有着明显的优势。全彩 3D 打印机能在一次打印任务中使用多种颜色，这使得打印出来的物体模型色彩多样，在色彩表现上更加丰富多彩，更贴近真实物品，更能准确地体现设计师的设计理念和构思。

（1）在医疗行业中的应用。

在医疗行业中，全彩 3D 打印机能够制作出色彩丰富的人体器官模型。这些模型可以用于手术前的模拟操作，帮助医生进行手术规划和练习，这不仅提高了手术的安全性，也增加了手术的成功率。通过全彩 3D 打印技术的应用，医学研究和手术准备变得更加直观和有效。

手术规划模型：这种模型是根据真实人体结构按比例打印出来的，它对精度、材质和强度都有一定的要求。比如图 1.30 中的手部模型，医生可以利用这种个性化的模型来设计手术方案和练习手术技巧。同时，在手术过程中，这个模型还可以用来观察、对比、定位和导航，以保证手术的顺利进行。

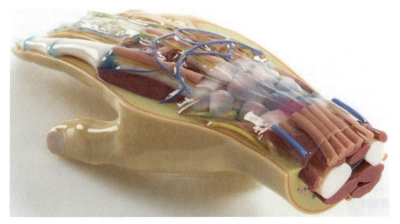

图 1.30　用于手术规划的手部全彩模型

教学演示模型：这种模型能够三维立体地、详细地以高对比度展示复杂的解剖结构、损伤情况或病变形态。它直观地展现了病变部位与周围解剖结构的空间关系，为临床医生和医学生提供所需要或熟悉的观察视角，如图 1.31 所示。这类模型不仅用于医疗教学和辅助疾病诊断，还可以用来向患者展示他们的伤病情况，有助于医患之间的沟通。

手术训练模型：这种模型具有高度仿真性，专门针对一些常见病症的手术训练而设计。主要用于医疗器械的操作演示、培训以及手术技能的训练，如图 1.32 所示。对于一些高风险的手术，如椎间孔镜手术，考虑到患者的安全，医院通常会使用这种手术训练模型事先对年轻医生进行培训，以提高他们的手术技能。

图 1.31　用于教学演示的人体全彩模型

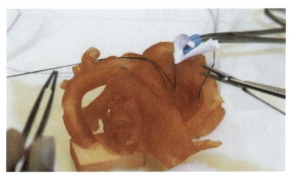

图 1.32　用于手术训练的心脏全彩模型

（2）在工业生产中的应用。

多材料 3D 打印技术在工业生产中的应用也越来越广泛。这种新技术能同时使用多种材料进行打印，使复杂零件的制造变得更加高效和灵活。通过这种技术，我们可以根据设计需要，在同一个零件上精确控制不同材料的分布，以满足复杂的性能要求。多材料 3D 打印技术的这一独特优势，为工业制造领域带来了前所未有的变革。

例如，多材料 3D 打印技术在汽车生产制造中扮演了重要角色。它能够高效生产出发动机、刹车盘这样的复杂汽车零部件。这些零部件可以在不同部位具备不同的材料特性，比如有的地方需要高强度，有的地方需要高耐磨性或者良好的导热性。如图 1.33 所示是用两种不同的钢材通过 3D 打印技术制造出的一个特种齿轮。该齿轮的不同区域被设计成具有不同的力学强度和耐磨性，以此更好地满足不同的使用需求。

多材料 3D 打印技术还被用于航空航天领域，制造各种重要的航空器件。比如，航空发动机的燃料喷嘴、推进系统以及导航部件等。特别是航空发动机的燃料喷嘴，它需要在高温环境下工作，对耐热性能的要求非常高。通过 3D 打印技术，可以将耐高温材料和导热材料结合起来，以此有效提升喷嘴的工作性能和使用寿命。

如图 1.34 所示为用于太空领域的镍铜燃烧室部件。在这个部件中，利用镍基合金来制作腔室的耐热基体，因为它能够承受高温；同时，在部件的其他区域则使用铜基材料，这样可以让热量更有效地传递。多材料 3D 打印技术的应用，有效提高了航空航天器件的工作性能。

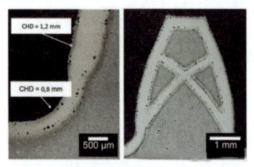

图 1.33　由两种钢质材料构成的齿轮零件

图 1.34　由镍铜合金构成的燃烧室部件

目前，多材料 3D 打印技术还没有达到单材料 3D 打印的成熟水平。但多材料 3D 打印，尤其是金属多材料打印，相比单材料 3D 打印而言，拥有更高的工业应用价值。这种新技术能够为制造企业，尤其是那些高科技领域的企业，带来巨大的机遇。通过使用多材料 3D 打印技术，这些企业将会在激烈的竞争中脱颖而出，获得竞争优势。简而言之，多材料 3D 打印技术虽然还在发展中，但其潜力巨大，有望成为制造企业赢得市场的关键因素。

素养园地

增材制造技术的发展反映了科技创新在推动制造业发展中的重要作用，告诉了我们面对传统挑战，要敢于突破、勇于创新。它强调数字化设计与实体制造的结合，可以培养学生严谨的科学态度和良好的工程素养。通过学习增材制造技术，学生能够深刻理解科技在改变生活中的巨大作用，激发为国家智能制造贡献力量的事业心和责任感，进一步树立社会主义核心价值观，为实现制造业强国梦贡献自己的力量。

 单元考核

考核情况评分表

学生姓名		学号		班级	
评价内容	增材制造技术的定义（25分）	增材制造技术的优势（35分）	增材优化设计的应用（20分）	增减材复合加工流程（20分）	其他
学生自评（30%）					
组内互评（30%）					
教师评价（40%）					
合计					
教师评语					
总成绩				教师签名	
日期					

增材制造典型工艺

思维导图

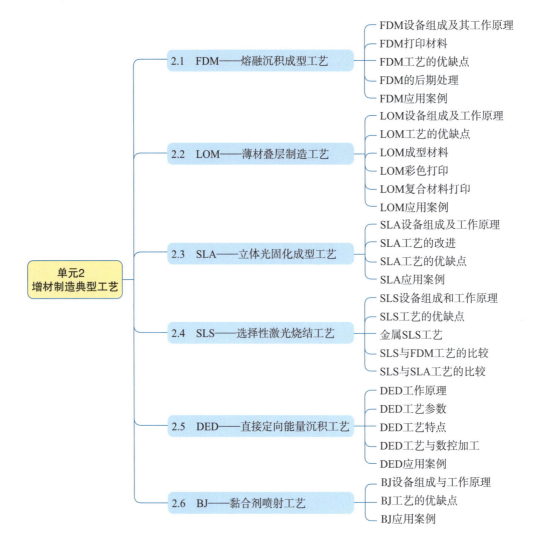

单元2
增材制造典型工艺

2.1 FDM——熔融沉积成型工艺
- FDM设备组成及其工作原理
- FDM打印材料
- FDM工艺的优缺点
- FDM的后期处理
- FDM应用案例

2.2 LOM——薄材叠层制造工艺
- LOM设备组成及工作原理
- LOM工艺的优缺点
- LOM成型材料
- LOM彩色打印
- LOM复合材料打印
- LOM应用案例

2.3 SLA——立体光固化成型工艺
- SLA设备组成及工作原理
- SLA工艺的改进
- SLA工艺的优缺点
- SLA应用案例

2.4 SLS——选择性激光烧结工艺
- SLS设备组成和工作原理
- SLS工艺的优缺点
- 金属SLS工艺
- SLS与FDM工艺的比较
- SLS与SLA工艺的比较

2.5 DED——直接定向能量沉积工艺
- DED工作原理
- DED工艺参数
- DED工艺特点
- DED工艺与数控加工
- DED应用案例

2.6 BJ——黏合剂喷射工艺
- BJ设备组成与工作原理
- BJ工艺的优缺点
- BJ应用案例

随着科技的不断发展，增材制造技术逐渐从实验室走向市场，并广泛应用于各个领域。其中，FDM（Fused Deposition Modeling，熔融沉积成型）、LOM（Laminated Object Manufacturing，薄材叠层制造）、SLA（Stereo Lithography Apparatus，立体光固化成型）、SLS（Selective Laser Sintering，选择性激光烧结）、DED（Direct Energy Deposition，直接定向能量沉积）和 BJ（Binder Jetting，黏合剂喷射）等工艺已经成为增材制造领域的主流技术。

本单元将深入探讨这六种典型增材制造工艺的工作原理、设备组成、材料特性、优缺点和应用案例，帮助学生深入了解增材制造技术，并为其实际应用提供参考。

学习目标

掌握六种典型的增材制造加工工艺（FDM、LOM、SLA、SLS、DED、BJ）及其具体应用。

学习重点、难点

1. 典型增材制造工艺的工作原理。
2. 不同增材制造工艺的优缺点分析。
3. 增材制造工艺的不同应用场景。

2.1　FDM——熔融沉积成型工艺

知识链接

熔融沉积成型工艺简称 FDM，是最为常用的一种快速成型技术，如图 2.1 所示。这种技术在光固化成型和薄材叠层成型技术之后出现，并得到了广泛应用。在众多 3D 打印机中，FDM 3D 打印机的机械结构相对简单，设计制作也更加容易。此外，FDM 工艺在制造成本、维护成本和材料成本方面的优势都非常明显，使其成为家用桌面级 3D 打印机中最受欢迎的技术之一。值得一提的是，FDM 技术还是最早实现开源的 3D 打印技术，这一点也为其普及和发展奠定了重要基础。

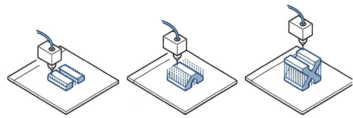

图 2.1　FDM——熔融沉积成型工艺

FDM 打印技术的发明过程很有意思。在 1988 年的某一天，FDM 技术发明人 Scott Crump 想要为他的女儿制作一个玩具青蛙。他尝试了一种新奇的方法：将聚乙烯和蜡烛的混合物装进喷胶枪，然后一层层地堆积，最终得到玩具青蛙的形状。在此过程中，Scott Crump 开始思考：如果能将喷胶枪固定在一个机械臂上，是否可以实现这种制作过程的自动化呢？带着这个疑问，Scott Crump 购买了一台数字制图设备，开始了一年的研究和实验。最终，他成功发明了 FDM 3D 打印技术。到了 1992 年，Stratasys 公司利用这项技术推出了世界上第一台 3D 打印机——3D 造型者（3D Modeler），这标志着 FDM 技术正式步入了商业化阶段。

由于 FDM 技术不需要昂贵的激光系统，所使用的成型材料通常为 ABS、PLA 等热塑性塑料，因此成本相对较低，性价比很高，这些优点使得 FDM 成为目前桌面级 3D 打印机普遍采用的技术。

2009 年，FDM 的关键技术专利到期，基于 FDM 技术的 3D 打印公司如雨后春笋般涌现，3D 打印行业迎来了快速发展的新时期。同时，相关设备的成本和售价也大幅下降。据统计，专利过期后，桌面级 FDM 打印机的价格从曾经的一万多美元下跌到几百美元，销售量也随之大幅增加。

一、FDM 设备组成及其工作原理

1. FDM 设备的组成

FDM 打印系统由五个主要部分构成，分别是喷头、送丝机构、运动机构、打印床和控制系统，如图 2.2 所示。

喷头的作用是挤压并喷射出熔融的塑料丝材。通过一层层均匀铺设熔融丝材，逐层打印完成最终实体。喷头由三部分组成：送丝轴、热流道和喷嘴。

打印床是一个用于放置打印物体的平台，一般由玻璃或金属制成。打印床可以上下移动，为打印过程提供必要的支撑。

送丝机构负责将塑料丝材送入喷头。它和喷头一起，通过"推—拉"相结合的方式，确保塑料丝材能够平稳地送出，防止出现断丝或材料堆积的问题。

运动机构则是由电机驱动，控制喷头的移动。它能够精确调整打印的位置和打印速度，确保打印过程的准确性。

控制系统通常是一台计算机或嵌入式系统，用来控制打印机的整体运作。这个系统可以调整打印参数，同时监控整个打印过程，确保一切打印操作按照预定的路径进行。

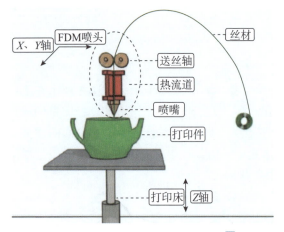
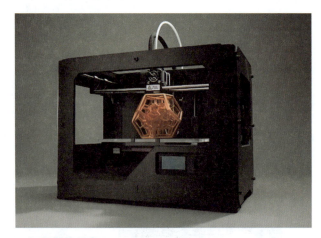

图 2.2 FDM 3D 打印机的组成

2. FDM 设备的工作原理

FDM 打印工艺通常使用丝状热塑性材料，这些材料以丝材形式提供给打印机进行打印。打印开始时，丝料被送入喷头，并在那里被加热至熔化。喷头底部装有一个细小的喷嘴，喷嘴直径一般在 0.2～0.6mm。在计算机控制下，喷头会沿着 X 轴方向移动，而工作台则在 Y 轴方向移动。根据 3D 模型的切片数据，喷头移动到指定位置，将熔化的材料挤出并迅速凝固。这样，一层材料就完成了熔丝沉积成型。

当一层材料沉积完成后，工作台会沿着 Z 轴方向下降一个预先设定好的层厚距离。然后，新的材料会被喷出并沉积在已固化的前一层材料上。通过这样一层层地堆积，最终得到一个完整的打印成品。在模型切片时，切片层厚越小，打印出的成型件质量越高，但打印速度较慢；反之，切片层厚越大，成型件的质量越低，但打印速度较快。

在 FDM 打印过程中，每一层都是建立在上一层的基础上，上一层为当前层提供定位和支撑。随着打印层数的增加，每一层的面积和形状可能会有所变化。当形状变化较大时，上一层可能无法为当前层提供足够的支撑，这就需要添加一些辅助结构，即"支撑"。这些支撑结构为后续的打印层提供必要的支撑，确保打印过程能够顺利进行。打印完成后，这些支撑结构需要在后处理阶段被移除。

大多数 FDM 打印机使用的是单喷头，但也有一些打印机使用双喷头设计。这种双喷头 FDM 打印机可以分别挤出不同的材料：一个喷头挤出用于零件制作的模型材料，比如 ABS 塑料；另一个喷头则挤出支撑材料，这种材料通常是水溶性的，使得打印完成后可以更容易地去除这些支撑。这种双喷头设计非常适合快速打印复杂的内部结构、中空零件以及需要一次成型的装配体。

二、FDM 打印材料

FDM 工艺常用的打印材料为 PLA 和 ABS。PLA 是一种新型的生物降解热塑性塑料，可由再生植物资源（如玉米）提取的淀粉原料制成。因此，PLA 材料相对环保安全，适合在办公室、教室以及家庭环境中使用。ABS 则是一种强度高、韧性好且易于加工成型的热塑性高分子材料，它具有出色的综合性能，包括良好的强度、柔韧性和机加工性，同时还具有高耐温性，是制造工程机械零部件的首选塑料。

通常情况下，FDM 工艺采用丝状打印材料，如图 2.3 所示。这种丝状材料具有两个明显优势：首先，它的成本比较低；其次，丝状材料的更换和保存都很方便，不会像粉末或液体材料那样容易造成污染。这些优点使得丝状材料在 FDM 打印中得到广泛应用。

然而，使用丝状材料进行供料也有其缺点。FDM 打印工艺对丝状耗材的质量要求较高，丝材需要通过齿轮被卷入喷头，而齿轮与固定轮之间的距离是固定的。如果丝材过粗，则可能无法顺利通过送丝机构，甚至可能损坏送丝系统；如果丝材过细，则送丝机构可能无法正确检测到丝材，导致供料中断。因此，FDM 打印丝材需要符合一定的规格标准。通常有两种标准规格，分别是直径 1.75mm 和 3mm。

图 2.3　FDM 成型材料——丝材

三、FDM 工艺的优缺点

FDM 3D 打印的优势主要体现在以下几个方面：首先，它的工作原理比较简单，不需要使用激光器等昂贵部件；其次，作为最早实现开源的 3D 打印技术，它的用户基础非常广泛；再次，FDM 打印机对使用环境的要求也不高，可以在家庭或办公室环境中轻松打印。打印原材料以卷轴丝的形式提供，这使得材料的搬运和更换更加便捷；最后，使用 FDM 技术打印出的物品具有较高的强度和良好的韧性，适用于产品组装和功能测试。

然而，FDM 技术也存在一些不足之处：由于喷头采用机械式设计，打印速度相对较慢，不太适合生产大型零部件；打印件的尺寸精度通常不是很高，表面可能会比较粗糙，且有明显的层纹痕迹；在打印复杂模型时，需要设计和构建支撑结构，而这些支撑结构在打印完成后需要被去除，增加产品后期处理的难度。

四、FDM 的后期处理

对于 FDM 打印件而言，后期处理是非常关键的一个步骤。后期处理不仅能够提升打印件的外观美感，还能改善其强度和其他功能表现。

1. 去除支撑（手动拆除、溶解）

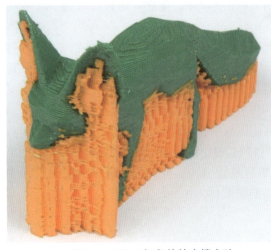

图 2.4　FDM 打印件的支撑去除

后期处理首先需要进行的是去除支撑，这是后期处理中最为基础的一个环节，如图 2.4 所示。在大多数情况下，支撑结构可以比较容易地去除，但对于一些位于狭窄空间或者人手难以触及的区域的支撑，移除它们可能十分困难。支撑物的材质决定了它们的去除方式，有些支撑物不可溶解，需要手动拆除；而有些则具有可溶解性，可以用水或者其他液体通过溶解方式进行去除。

不溶性的支撑物通常是由打印主要部件的同种材料制成。在使用单喷头 FDM 3D 打印机时，这种类型的支撑物很常见，因为零件和支撑物由同一种卷轴丝材打印出来。要移除这种不溶性支撑物，可以用手折断它们，或者用钳子剪掉。

另外，如果使用的是带有双喷头的 FDM 打印机，则可以在打印过程中使用可溶性支撑物。与不溶性支撑物相比，可溶性支撑物的去除简单得多，只需要将打印好的模型浸泡在水中或其他液体中，支撑物就会自然溶解，几乎不会在零件上残留任何支撑痕迹。

2. 打磨（砂纸）

除移除支撑物之外，表面打磨是 FDM 打印件另一个常用的后期处理技术，如图 2.5 所示。通常情况下，FDM 打印件的表面不会很光滑，可以看到层与层之间明显的纹路，通过打磨可以让物体的表面变得更加平滑。在打磨过程中，可采用湿法打磨和循环运动两个技巧。

打磨零件时，砂纸与零件表面摩擦产生热量，这会对打印件上的精细特征造成损伤，尤其是那些对热敏感的材料。为防止这种情况发生，可以在打磨前将零件打湿，有助于吸收多余的热量。对于那些表面层纹比较明显的 FDM 打印件，建议采用循环运动的方式进行打磨，这样可以更好地保持零件外观。如果选择平行或垂直于打印层的方向进行打磨，则可能会破坏打印件的整体视觉效果。

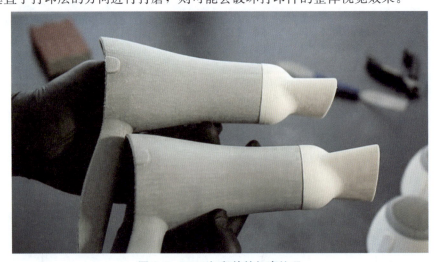

图 2.5　FDM 打印件的打磨处理

　　在 FDM 打印件的后期处理中，去除支撑和砂纸打磨是两种基本的粗加工方法，精加工则是 3D 打印后期处理中的最终环节，包括一系列更加细致的处理操作，如对 FDM 打印件进行喷漆、平滑处理和抛光等。这些精加工方法可以有效消除打印件表面的层纹，使其表面变得更加光滑，显著提升 FDM 打印件的整体质量和视觉效果。

3. 喷漆（模型漆）

　　在喷漆前，需要对 3D 打印件进行打底处理，效果如图 2.6 所示。这实际上就是在打印件上先涂上一层底漆，这层底漆将作为后续油漆的基础层。在涂底漆之前，建议先用低目数和中目数砂纸对部件进行打磨，这样可以帮助去除表面层纹，让表面变得更加平滑。打磨工作完成后，可以涂上两层底漆。等待底漆完全干燥后，就可使用刷子或者喷枪对 3D 打印件进行上色，得到一个光滑的模型表面。

图 2.6　FDM 打印件的喷漆处理

4. 表面平滑化（丙酮）

　　平滑化是 3D 打印后期处理中的一种比较流行的方法，尤其是对基于 ABS 材料的 3D 打印件而言，效果如图 2.7 所示。丙酮能够溶解 ABS，可使模型表面的层纹变得平滑。最简单的方法是将丙酮倒入一个较大的容器中，然后在容器内放置一个平台，将打印件放在平台上。接下来将容器加盖密封，等待 10～20min，让丙酮蒸汽作用在打印件上，使其外层逐渐融化并变得平滑。如果没有合适的容器，也可以用刷子轻轻在 3D 打印件表面涂上一层薄薄的丙酮，同样可以达到平滑表面的效果。

图 2.7　FDM 打印件的表面平滑处理

5. 抛光（抛光机）

为获得 3D 打印件更平滑的表面质量，可以使用抛光的方法。这种方法只需要一块超细纤维布和一个塑料抛光机就能完成，效果如图 2.8 所示。在抛光处理前，需要对打印件进行适当打磨，使用最细的砂纸来平滑表面。打磨完成后要清洗零件，确保没有砂纸颗粒残留。在使用超细纤维布进行抛光时，应该采取圆周运动的方式在打印件表面移动布料，直至得到令人满意的光滑表面。

图 2.8 FDM 打印件的抛光处理

五、FDM 应用案例

FDM 打印工艺可以用于制作建筑模型，如图 2.9 所示。相比传统的模型制作方法，FDM 模型制作时间几乎可以缩短一半。此外，FDM 打印技术还能大幅降低制作成本。通常情况下，一卷 3D 打印耗材就能完成三到四个建筑模型。而且，打印材料环保无害，建筑模型精美细致，完全能够满足设计师的要求。

图 2.9 建筑业中的 FDM 应用

在影视和动漫行业中，在 3D 打印技术出现之前，道具制作主要依靠手工完成。而现在，FDM 打印技术可以直接用于制作道具（见图 2.10），极大缩短了道具的制作时间。此外，3D 打印还能够制作出各种复杂的道具模型，其效果足以以假乱真，极大地提升了影视剧的视觉效果和质感。

在智能家居设计中，设计师可以尽情发挥创意，利用 FDM 打印技术轻松制作出各种概念模型，无须使用额外的模具和工具，从而能够更快完善和确定最终的设计方案。如图 2.11 所示为月球悬浮灯产品设计。

图 2.10　影视动漫行业中的 FDM 应用

图 2.11　智能家居中的 FDM 应用

2.2　LOM——薄材叠层制造工艺

知识链接

1984 年，Michael Feygin 提出了一种名为薄材叠层增材制造（LOM）的技术。在 1985 年，他成立了 Helisys 公司。1992 年，该公司推出了首款商业化的 LOM 设备，即 LOM-1015。LOM 打印技术的原理是将薄片材料按照零件的分层截面信息进行切割，再将这些切割好的薄片逐层黏合，最终得到一个三维实体，如图 2.12 所示。由 LOM 打印技术制成的产品模型具有良好的坚韧性和耐用性，其质感和木材非常接近。

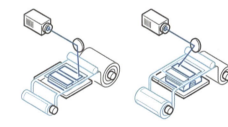

图 2.12　LOM 薄材叠层打印

一、LOM 设备组成及工作原理

如图 2.13 所示，LOM 加工系统主要包括以下关键部分：原料送进机构、计算机、激光切割系统、可升降的工作台以及热压滚轴。

原料送进机构由供料轴、滚轴和卷材所组成，它的主要作用是将底部涂有黏合剂的卷材送到工作台上方。计算机负责接收和存储三维模型数据，这些数据由沿着工件成型高度方向所提取的一系列截面轮廓信息所组成。激光切割系统则包括激光器、镜头和一个定位装置，它的任务是实现对薄材的精确切割。可升降工作台在每层材料成型时支撑工件，并且在每完成一层后，工作台会下降一个卷材厚度，为新一层的卷材铺设做好准备。热压滚轴则将每一层的薄材在成型区域进行黏合。这一过程不断重复，直到整个工件被打印完成。

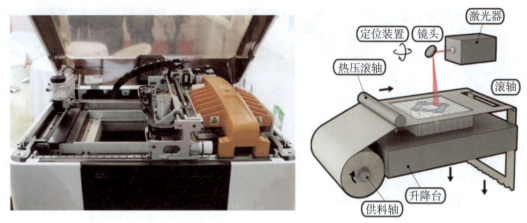

图 2.13　LOM 3D 打印机及其组成

二、LOM 工艺的优缺点

1. LOM 工艺的优点

（1）制作精度高。在 LOM 打印过程中，纸张薄材在整个切割过程中始终为固态，只有一层薄薄的黏合剂会从固态转变为熔融态。因此，LOM 打印件的内部几乎没有内应力，翘曲变形也很小，这使得 LOM 打印件的精度很高，可以达到 ±0.1mm。

（2）力学性能良好。LOM 打印件的硬度较高，可以进行切削加工，具有良好的力学性能，且能够承受高达 200℃的温度。

（3）成型速度快。LOM 工艺不需要对整个截面进行扫描，而是通过激光束沿着工件的轮廓进行切割，这大大提高了成型速度，使其非常适合大型零件的增材制造。

（4）无须设置支撑。由于热压机构将一层层的纸张紧密黏结且压合在一起，因此在打印过程中，各层之间已经形成坚固的结构，不需要设计额外的支撑。升降工作台用于支撑正在成型的工件，每完成一层打印，只需将工作台下降一个层厚即可。

2. LOM 工艺的缺点

（1）材料利用率低。由于打印件周围无用的空间部分会被切割出来，且最终成为废料，这大大降低了 LOM 增材制造在材料利用率上的优势。

（2）需要防潮处理。由于 LOM 打印的原材料通常为纸张，容易在潮湿环境下膨胀变形，因此需要对打印件进行防潮处理，比如使用密封漆进行喷涂。

（3）需要打磨抛光处理。LOM 打印件的表面会有明显的台阶纹路，打印完成后需要使用砂纸进行磨光处理。

三、LOM 成型材料

该技术的主要原材料为纸张。除了纸材，LOM 工艺还能够处理陶瓷片、金属片和塑料薄膜等其他类型的薄材，如图 2.14 所示。目前，LOM 技术主要采用涂有热敏胶的纤维纸张作为其成型材料。

图 2.14　LOM 成型材料——薄材

四、LOM 彩色打印

在目前的市场上，FDM（熔融沉积成型）、SLM（选择性激光熔化）、SLS（选择性激光烧结）、DLP（数字光处理）等增材制造技术更为常见，LOM 技术似乎显得有些落后。然而，来自爱尔兰的 Mcor 公司却对这项技术进行了创新，推出一种独特的 LOM 成型工艺。Mcor 公司的创新之处在于，能够利用普通的复印纸和环保的水性胶水打印出 3D 对象，这些对象的坚固性和耐用性与其他材料制成的产品相比毫不逊色。Mcor 公司的 LOM 打印机因经济实惠、环保以及技术创新而深受市场的欢迎。

此外，Mcor 公司将传统的二维喷墨打印技术与 LOM 增材制造技术相结合，研发出一款桌面型的全彩 3D 打印机。这款打印机的分辨率很高，而且价格亲民。Mcor 全彩 LOM 打印机的打印流程如图 2.15～图 2.21 所示。

图 2.15　装入打印用的卷材

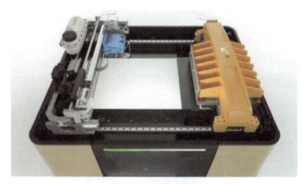

图 2.16　铺设一层涂胶的纸材

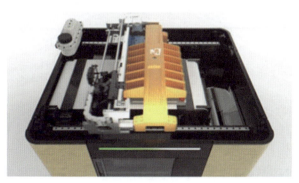

图 2.17　加热滚轴并压实这一层纸材

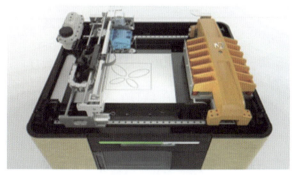

图 2.18　沿模型轮廓切割出二维形状

图 2.19 打印头喷射所需的色彩颜料

图 2.20 重复以上打印步骤，直到打印完成

图 2.21 去除多余纸张，得到最后成品

五、LOM 复合材料打印

复合材料由两种或多种不同材料（通常是基体聚合物与增强材料）混合而成，目的是实现最佳的材料性能。这类材料因其轻质、高强度、耐高温和抗腐蚀等特性，在医疗、航空航天、汽车、体育等许多领域得到广泛应用。LOM 技术也能用于复合材料的增材制造。

Impossible Objects 公司针对这一点，开发了一种基于 LOM 技术的复合材料 3D 打印方法。这种新技术使用片状的碳纤维复合材料作为打印原材料，其具体的工艺流程如图 2.22 所示。

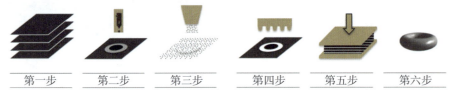

| 第一步 | 第二步 | 第三步 | 第四步 | 第五步 | 第六步 |

图 2.22 复合材料的 LOM 打印流程

第一步：在计算机中对打印对象进行切片，并将标准的碳纤维板一片一片地依次送到打印机的工作台上。

第二步：根据二维切片信息，选择性地将黏合剂喷涂在碳纤维板上。

第三步：在整张工作台上铺设聚合物粉末。

第四步：移去没被粘连在纤维板上的干粉末。

第五步：如此反复，一片一片，直到所有层的碳纤维板都被处理；再将堆叠在一起的碳纤维板放进强力热压机中烘烤和热压。

第六步：将其从热压机中取出，去掉多余非黏附材料，得到最终零件。

打印完成的 LOM 复合材料打印件如图 2.23 所示。

图 2.23　LOM 复合材料 3D 打印件

六、LOM 应用案例

随着制造业的快速发展，工业产品更新换代的周期不断缩短，这对新产品的研发提出了新的要求。LOM 技术可以快速制造出复杂工业产品的原型样件（见图 2.24），这样就可以大幅缩短新产品从设计到成品的开发时间，在竞争激烈的市场中占据优势。

在快速模具制造方面，LOM 技术能够直接生产出纸质的模具，如图 2.25 所示。这些模具的精度很高，可以达到 ±0.5mm，几乎与木制模具的性能相当。此外，这些纸质模具能够承受高达 200℃ 的温度，因此非常适合制作低熔点合金的模具或精密铸造中使用的蜡芯成型模具。

图 2.24　发动机 LOM 打印件

图 2.25　模具 LOM 打印件

2.3　SLA——立体光固化成型工艺

知识链接

光固化打印技术的历史可以追溯到 1977 年，美国的 Wyn Swainson 提出一个想法：利用射线让材料发生相变，从而制造出三维物体，如图 2.26 所示。不过，由于缺乏资金，这个项目在 1980 年被迫停止了。过了四年，也就是 1984 年，这项研究在巴特尔实验室得到了重启，并改名为光化学加工。不过这项技术最终没有实现商业化。

在 1983 年，Charles Hull 取得了重大突破，他成功发明了光固化成型技术，并于 1986 年获得了专利。同年，他在加利福尼亚州成立了 3D Systems 公司，旨在将光固化技术推广到商业应用领域。经过不懈努力，3D Systems 在 1988 年推出了第一款商业化 3D 打印机——SLA-250，这是世界上最早的商用 3D 打印机之一。这款打印设备的问世，是 3D 打印技术发展史上的一个重要里程碑，它的设计理念对后来几乎所有的 3D 打印机研发都产生了深远的影响。自此，光固化成型技术在全世界范围内迅速普及并得到广泛应用。

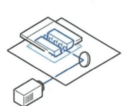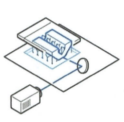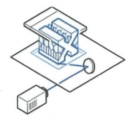

图 2.26　SLA 光固化成型

一、SLA 设备组成及工作原理

立体光固化成型（简称 SLA）技术的主要特点就是使用一种特殊的材料——光敏树脂。这种树脂在平时为液态，当它被紫外激光照射时就会迅速变硬，从液态变成固态。具体来说，就是当光敏树脂接触到特定波长的紫外光（波长在 250～400nm）时，它就会发生一种聚合固化反应。

在 SLA 技术中，紫外激光的作用非常关键，它需要被精确控制，包括光的波长和强度，这样激光才能准确照射到树脂表面上的特定位置。利用激光进行一层一层的照射，就可以将每一层的形状精确绘制出来。不断重复这个过程，最终就可以得到一个完整的三维实体。

SLA 打印机的组成如图 2.27 所示，其具体打印流程如下。

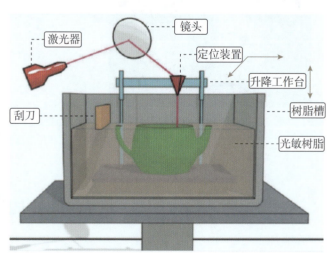

图 2.27　SLA 3D 打印机及其组成

第一步：首先将液态的光敏树脂倒入一个树脂槽中，然后将一个可上下移动的工作台调整到距离树脂液面刚好为一个截面层厚的深度处。在计算机控制下，一束聚焦的激光开始在液面上进行精确扫描。

激光照到的地方，树脂会迅速变硬，在那个截面上形成一层薄薄的固态树脂。

第二步：工作台向下移动一个层厚距离，通常在 0.01～0.05mm，这样就能让新的液态树脂层显露在激光照射下。计算机再次控制激光束，在新露出的液面上进行扫描，让这部分树脂也发生固化。这一过程不断重复，每一层都叠加在前一层之上，直到整个产品最终成型。

第三步：工作台慢慢升起，等到完全脱离液态树脂后，就可以小心地把已经固化的模型取出来。模型表面此时可能会有一些还没固化的树脂，需要用酒精或者专用清洗剂仔细清洗，确保所有树脂残留物都被清除干净。

第四步：清洗完毕后，再把模型放在紫外线下进行固化，这样可使模型表面更加坚硬。打印过程中所添加的支撑结构也需要用刀片或者砂纸仔细去除，最终得到一个高质量的产品模型。

值得注意的是，有些光敏树脂的黏度比较高，流动性也不太好，这会造成一个棘手问题：每打印完一层树脂，液面不易快速恢复平整，从而影响打印质量。为解决这一问题，大多数 SLA 打印机都配有一个刮刀组件。每次打印台向下移动一个层厚距离后，刮刀就会迅速将树脂表面刮平。这样就可以保证树脂均匀地覆盖在前一层材料上，从而确保打印出来的每一层截面都是精细和准确的。

二、SLA 工艺的改进

在早期 SLA 打印技术中，光源通常是放置在树脂槽的上方，这种布局被称为 Top down（自上而下）结构，也称作自由液面式结构，如图 2.28 所示。在这种打印方式中，每固化一层树脂后，打印平台就会向下移动一个层厚的距离；由于光固化作用发生在树脂液面，待打印物体的最大高度就会受到树脂槽深度的严重限制。举个例子，如果想打印一个高度为 1m 的模型，那么树脂槽的深度至少也要有 1m。

因为打印过程中所需的树脂量远远超过最终固化成型的树脂量，这种"自上而下"的 SLA 打印方式会造成树脂材料的大量浪费。此外，这种 SLA 打印机为了保证打印效果，通常还需要配备一个液面控制系统。这样不仅增加了打印设备的成本，还使得设备操作变得更复杂。

如今市面上常见的桌面 SLA 打印机大多都使用约束液面式（Bottom up 自下而上）的结构，这种结构是对传统自由液面式结构的一种优化改进，如图 2.29 所示。在这种新型 SLA 打印机中，光源是从树脂槽的底部向上照射，因此光敏树脂的固化过程也是从模型底部开始。每当固化完成一层树脂后，工作台就会向上移动一个层厚的距离。由于重力的作用，光敏树脂会自然流动去填补底层空隙，因此不再需要用刮刀来平整树脂平面。这一改进后的成型工艺使得 SLA 在打印过程中所需要的树脂量大幅减少，不仅降低了打印成本，同时也加快了打印速度。正因为如此，桌面级 SLA 打印机普遍采用这种"自下而上"的约束液面式结构。

图 2.28　自上而下的 SLA 工艺

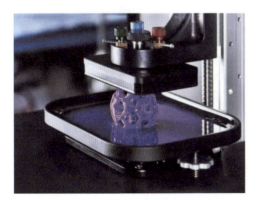

图 2.29　自下而上的 SLA 工艺

三、SLA 工艺的优缺点

1. SLA 工艺的优点

（1）高精度：SLA 打印机通过逐层固化的方式能够达到非常高的打印精度，层厚可以小至 0.1mm 甚至更小，从而保证打印件具有出色的尺寸精度和表面质量。

（2）表面光滑：使用紫外线逐层固化树脂，可以获得非常光滑细腻的模型表面，而无须进行额外后期处理。这一点对于需要高质量模型表面的应用场合来说非常适用。

（3）材料多样性：SLA 技术能够兼容多种光敏树脂，包括常见的标准树脂、弹性树脂和高韧性树脂等。这种材料多样性让 SLA 打印机能够满足不同领域的需求，如原型制作、珠宝设计、牙科模型等。

（4）复杂结构打印：SLA 打印机能够精确地打印出非常复杂和细致的内部结构，比如微小的管道和精美的镂空设计，这在其他 3D 打印技术中往往难以实现。

2. SLA 工艺的缺点

（1）设备成本高：SLA 打印机需要配备激光器来发射激光，这使得设备成本相对较高，也限制了这类打印机的广泛普及。

（2）后处理复杂：虽然 SLA 技术能够打印出表面质量很高的模型，但在打印完成后还需要进行清洗、固化等后期处理，这些步骤增加了操作的复杂性。

（3）材料成本高：虽然 SLA 技术所使用的树脂材料比较环保，但其价格通常较高，导致整体打印成本提升。

（4）模型强度低：与 SLS、FDM 等其他 3D 打印技术相比，SLA 打印件存在韧性差和强度低的问题，这是由树脂材料的自身特性决定的。

四、SLA 应用案例

在产品设计初期，设计师往往需要快速制作出产品实物模型，以便进行效果评估、修改、完善和演示。SLA 打印技术因其出色的模型精确性和光滑的表面质量，成为制作各类产品原型的首选方案，如图 2.30 所示。

珠宝行业对产品细节和表面的品质要求极为严格，而 SLA 技术能够精确打印出珠宝设计中的每一个细微之处，如图 2.31 所示。无论是复杂的镶嵌结构、精致的纹理，还是流畅的线条，借助 SLA 打印技术都能完美实现。

图 2.30　基于 SLA 的鞋模制作

图 2.31　基于 SLA 的珠宝制作

在医疗健康领域，SLA 技术发挥着不可或缺的作用，被广泛用于制作精确的解剖模型、手术导板、牙科模型和假肢等，如图 2.32 所示。这些 SLA 打印模型在手术规划、教学培训以及实操训练中起到极其关键的作用，它们帮助医生更全面地掌握患者病情，进而提高手术的成功率。不仅如此，SLA 技术还被用于医疗辅具的个性化定制，比如助听器和牙齿矫正器等，为患者提供更加精准和个性化的治疗方案。

在建筑和城市规划方面，SLA 技术凭借其高精度的特性成为制作建筑模型、城市设计方案和景观设计的一个重要工具，如图 2.33 所示。设计师根据由 SLA 技术制作的建筑模型，可以更深入地分析和理解空间布局等因素，确保设计方案的合理性。

在艺术教育领域，SLA 技术为学生和艺术创作者开启了一种全新的创作途径。通过应用 SLA 打印技术，他们能够将计算机上的数字艺术作品变成可触摸和可感受的实体艺术品，如图 2.34 所示。这不仅有助于提高学生对空间概念的理解和创造力的发挥，而且还促进了艺术表现手法的创新与进步，为艺术领域带来了新的生机和活力。

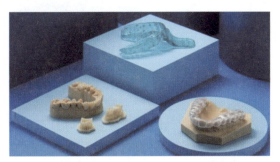

图 2.32　基于 SLA 的牙科医疗模型

图 2.33　基于 SLA 的城市建筑模型

图 2.34　人像和手办模型的 SLA 打印件

2.4　SLS——选择性激光烧结工艺

知识链接

选择性激光烧结技术（SLS），是一种先进的增材制造方法。这项技术主要通过激光来加热粉末材料，使其熔化并最终形成所需的形状，如图 2.35 所示。这项技术的起源可以追溯到 1989 年，当时得克萨斯大学奥斯汀分校的学生 Carl Deckard 在他的硕士论文中首次提出这一概念，并在同年获得该技术的首个专利。随后，Carl Deckard 创立了 DTM 公司，该公司在 1992 年推出了基于 SLS 技术的首款工业级 3D 打印机——Sinterstation。2001 年，DTM 公司被 3D Systems 公司收购，进一步巩固了 SLS 技术在增材制造领域的重要地位。如今，SLS 技术已成为高端 3D 打印技术之一，尤其在金属增材制造领域应用广泛。

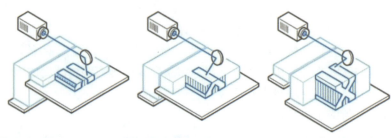

图 2.35　SLS 选择性激光烧结成型

一、SLS 设备组成和工作原理

SLS 打印机的结构如图 2.36 所示。其工作流程可以概括为以下几个步骤。

（1）粉末制备：在 SLS 打印机的构建室内铺上一层选定的粉末材料。这些粉末被均匀分布在构建平台上，形成一层薄薄的粉末层，厚度在 $50\sim200\mu m$，这个粉材厚度取决于所使用的材料和打印机的具体规格。为确保粉末能够有效地烧结，构建室的温度会被加热到接近材料的熔点，但不会达到熔点温度。

（2）激光烧结：根据设计好的数字化模型，打印机使用高功率激光在第一层粉末上选择性地进行烧结。激光能量使得粉末颗粒升温并粘结在一起，但不会让它们完全熔化。为得到最佳的烧结效果和高质量零件，需要精确控制激光的扫描速度和功率。一般来说，SLS 打印使用的激光功率在 $10\sim100W$，具体数值取决于材料和打印机的类型。

（3）逐层构建：当第一层粉末烧结完成后，构建平台会下降一个粉层厚度，然后在上面再铺上一层新的粉末。激光继续对新的一层材料进行烧结，使其与下面已烧结的层粘合在一起。这个过程不断重复，直到整个零件被完全构建。在这一过程中，未烧结的粉末起到天然的支撑作用，这使得 SLS 工艺在打印复杂或悬空部件时，不需要添加额外的支撑结构。

（4）零件拆卸与后处理：打印完成的零件会在室内自然冷却，冷却后就可以小心地从粉末床上取下，并用压缩空气清理掉表面的多余粉末。未烧结的粉末可以回收再利用，这大大减少了材料浪费。最后，根据零件的使用要求和表面质量标准，还会对其进行喷砂、抛光或涂覆保护层等后续处理。

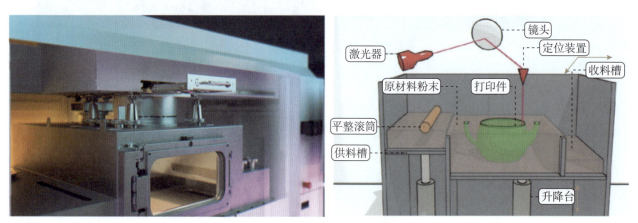

图 2.36　SLS 3D 打印机及其组成

二、SLS 工艺的优缺点

1. SLS 工艺的优点

（1）材料选择广泛。SLS 技术能够使用多种粉末材料，只要这些材料在加热后黏度升高，就可用来进行 SLS 打印，包括聚合物、金属和陶瓷等不同类型的粉材。

（2）打印工艺简单。SLS 技术能根据不同的材料特性，直接打印出几乎任何复杂形状的零件，特别是在加工具有复杂内部结构的零件方面，比传统制造方法更具优势。

（3）无须额外支撑。在 SLS 打印过程中，未烧结的粉末本身就发挥支撑作用，因此 SLS 打印时的材料利用率非常高，因为没有材料被浪费在支撑结构上。

（4）打印精度较高。SLS 技术的打印精度通常受到材料种类和粉末颗粒大小等因素的影响，一般来说，精度可达到 0.05～2.5mm。

2. SLS 工艺的缺点

（1）表面粗糙。SLS 工艺使用的是粉末状材料，通过加热使粉末层烧结并逐层黏合来构建实体模型。由于粉末颗粒的大小和激光光斑的限制，以及金属烧结工艺的约束，SLS 打印件的表面难免会显得粗糙，因此这种工艺无法直接制造出表面光滑的金属零件。

（2）加工时间长。在开始加工前需要花费大约 2h 进行预热。打印完成后，零件还需要 5～10h 来进行冷却，之后才能从粉末床上取出。这种需要预热和冷却的加工流程，使得 SLS 打印工艺变得较为烦琐和耗时。

（3）成本较高。由于使用了高功率激光器，SLS 技术的设备成本会很高。此外，还需要配置多种辅助保护工艺，这也增加了 SLS 设备的整体技术难度和制造成本。同时，SLS 打印设备的维护费用也相对较高。

（4）力学性能不强。SLS 技术是通过低熔点粉末的烧结黏合来制造金属零件，这就导致打印后的零件孔隙度高，无法用于制造高强度和高延伸率的金属件。

三、金属 SLS 工艺

近年来，SLS 技术被越来越多地用于制造形状复杂、轻量化的金属零部件，为航空航天、汽车和医疗等行业带来新的发展机遇。下面将介绍几种金属 SLS 打印中常用的金属材料及其应用实例。

1. 铝材料 SLS 打印

铝是一种轻质金属，它以出色的强度与重量比被广泛应用在航空航天和汽车制造领域。SLS 铝质打印件在工业产品中的应用十分普遍，比如发动机部件、热交换器，以及各种轻质结构件等，如图 2.37 中的热交换器。

2. 钛材料 SLS 打印

钛金属以其高强度、低密度和良好的耐腐蚀性，在航空航天、医疗和高性能汽车制造领域中被大量应用。SLS 钛质打印件在医疗领域中主要用于制造各种人工植入物，比如髋关节和膝关节的置换物；在航空航天领域，也被用于制造重要的航空航天部件，比如图 2.38 中的涡轮叶片。

图 2.37 铝材料 SLS 热交换器　　　　图 2.38 钛材料 SLS 涡轮叶片

3. 不锈钢的 SLS 打印应用

不锈钢是一种多功能金属材料，它不仅强度高，而且耐腐蚀和耐磨。SLS 不锈钢打印件在多个行业都有广泛的应用，比如汽车、石油天然气和消费品行业，通常用于制造重要的机械零件，比如阀门、齿轮和外壳等，例如图 2.39 中的不锈钢阀门。

4. 钴铬合金 SLS 打印应用

钴铬合金以其高强度、良好的耐磨性和优异的生物相容性，在医疗领域中应用很广。SLS 钴铬合金打印件经常被用于制作牙科修复产品，如图 2.40 中的牙床支架。此外，SLS 钴铬合金打印件还被用于制造骨科植入物，比如膝关节和髋关节手术的人工置换物。

图 2.39　不锈钢 SLS 阀门

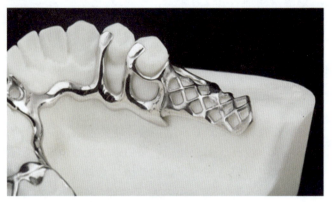

图 2.40　钴铬合金 SLS 牙床支架

四、SLS 与 FDM 工艺的比较

SLS 技术的工作方式是利用高功率激光对粉末材料进行逐层选择性的熔合。与此不同，FDM 技术则是通过将热塑性材料加热至熔融状态，然后再逐层将其挤压并沉积在构建平台上，得到所需要的实体形状。图 2.41 给出了这两种 3D 打印技术的区别。

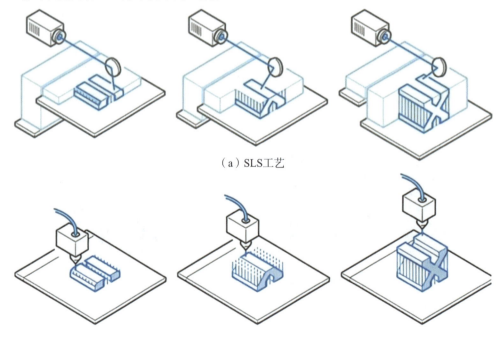

（a）SLS 工艺

（b）FDM 工艺

图 2.41　SLS 工艺与 FDM 工艺工作原理的比较

在表面光滑度方面，SLS 打印件的表面一般不如 FDM 打印件光滑。SLS 打印件表面会有一种由粉末颗粒烧结形成的粗糙纹理，而 FDM 打印件虽然表面会出现层纹，但这些层纹比 SLS 打印件表面的颗粒感要轻微一些，如图 2.42 所示。不过，无论是 SLS 打印件还是 FDM 打印件，都可以通过后期打磨或抛光等方法来提升其表面光滑度。

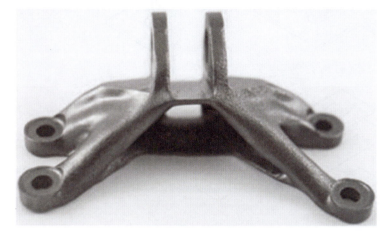

图 2.42　SLS 打印件（左）与 FDM 打印件（右）的不同表面质量

在支撑结构方面，SLS 技术具有明显的优势，因为在其打印过程中不需要额外的支撑结构，如图 2.43 所示。这是因为未烧结的粉末材料自然地包围在打印件周边，为 SLS 打印件提供了必要支撑，这一优势使得 SLS 技术在产品设计上具有更大的自由度。而在 FDM 打印过程中，当打印具有悬空部分或者复杂结构的零件时，通常需要添加支撑结构来保持形状，如图 2.44 所示。这些额外的支撑结构不仅增加打印时间，而且还需要在打印后去除，大大增加了打印件后期处理的工作量。

图 2.43　无须支撑结构的 SLS 打印件　　　　　图 2.44　需要支撑结构的 FDM 打印件

五、SLS 与 SLA 工艺的比较

SLS 技术是通过高功率激光一层一层地加热并烧结粉末材料，逐层构建完整的实体零件；而 SLA 技术则是利用紫外激光或其他类型的光源，有选择性地照射液态光敏树脂，使其固化，进而一步步构建实体模型，两者间的区别如图 2.45 所示。

在表面光滑度方面，SLA 打印件通常展现出非常光滑的表面和精细细节，因此这一类打印件通常不需要太多的后期处理。相比之下，SLS 打印件由于是由粉末颗粒烧结而成，其表面往往呈现出粗糙的颗粒状。尽管通过一些后期处理技术可改善 SLS 打印件的表面质量，但通常无法达到 SLA 打印件的那种光滑程度。两者在表面光滑度上的对比如图 2.46 所示。

在支撑结构方面，SLS 技术拥有一个显著优势，即 SLS 技术在打印过程中不需要添加任何支撑结构，

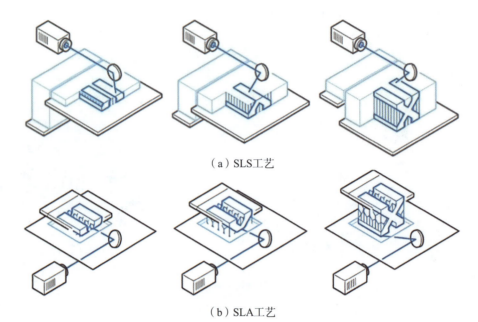

（a）SLS工艺

（b）SLA工艺

图 2.45　SLS 工艺和 SLA 工艺工作原理的比较

图 2.46　SLS 打印件（左）与 SLA 打印件（右）的不同表面质量

这是因为未烧结的粉末本身就能够在零件成型时提供必要的支撑，如图 2.47 所示。相比而言，SLA 技术在打印复杂结构的产品时，经常要添加必要的支撑结构来保持打印件的稳定性，如图 2.48 所示。这些支撑结构在打印完成后必须被移除，但往往会在零件表面留下一些痕迹。为获得表面光滑的 SLA 打印件，通常需要一些后处理操作来消除这些痕迹，这无疑大大增加了 SLA 打印工艺的工作量。

图 2.47　无须支撑结构的 SLS 打印件　　　　图 2.48　需要支撑结构的 SLA 打印件

2.5 DED——直接定向能量沉积工艺

知识链接

直接定向能量沉积（DED）技术是金属增材制造领域的一种关键工艺。这种技术通过集中热量，使得材料在沉积过程中同步熔化。从某种程度上讲，DED 技术就像是传统焊接工艺的一种升级，但 DED 工艺更加灵活多变，是一种创新的金属增材制造方法，如图 2.49 所示。此外，DED 技术与工业生产中常用的激光熔覆技术之间也有着紧密联系，两者在工作原理上几乎一致，都可以看作是金属加工领域中的重要应用。

图 2.49　直接定向能量沉积

激光熔覆是一种材料表面改性技术。这种技术通过在基材表面涂上一层特殊材料，并使用高能量激光束将这层材料与基材表面一起熔化并迅速凝固，形成一层紧密结合的熔覆层，如图 2.50 所示。这种处理可以大幅提升基材表面的耐磨性、耐腐蚀性、耐热性和抗氧化性等。

直接定向能量沉积工艺使用金属粉末或者金属丝作为原料，将其送至一个高能量激光束、电子束或者等离子体/电弧等热源聚焦的区域，在基板上形成一个微小熔池。熔化的金属材料一层一层地堆积起来，形成所需要的零件形状，如图 2.51 所示。与其他金属增材制造技术相比，DED 工艺具有一些独特优点，比如，能够在特定位置进行材料沉积和修复，以及合金 3D 打印件的金属增材制造等。

尽管 DED 工艺和激光熔覆工艺都利用高能热源来熔化材料，并将其与基材结合以达到材料成型或表面改性的目的，但两者的侧重点不同。激光熔覆技术主要关注在基材表面形成高质量的涂层，以提升零部件的表面性能。而 DED 工艺的应用范围更广，它不仅用于表面改性，还能用来制造复杂的三维结构。激光熔覆可以看作 DED 工艺的一个分支，DED 工艺比激光熔覆技术具有更多的加工灵活性。

图 2.50　激光熔覆工艺

图 2.51　直接定向能量沉积工艺

一、DED 工作原理

与其他 3D 打印技术一样，DED 工艺也是从计算机辅助设计（CAD）开始。首先，设计师会在 CAD 软件中创建一个三维零件模型，然后再使用切片软件将三维模型切割为许多薄层，每一层都包含了金属沉积成型所需要的截面几何信息。

DED 工艺的工作原理为：通过安装在多轴（通常为四轴或者五轴）机械臂上的喷嘴，将材料逐层直接沉积到正在制造或修复的零件上。喷嘴接收的材料可以是金属粉末，也可以是金属线材，如图 2.52 和图 2.53 所示。在沉积材料的过程中，会同时使用热源来熔化材料，这个热源通常是激光、电子束或者等离子弧。这一过程不断重复，逐层进行，直到最终构建完成或者修复完成所需的零部件。

图 2.52　基于喷粉供给的 DED 打印机

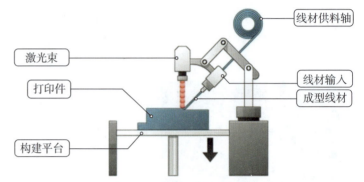

图 2.53　基于送丝供给的 DED 打印机

DED 增材制造在多个方面具有独特优势。它不仅适用于合金设计和多材料制造，还能用于大型结构件的制造、维修以及涂层等应用。这些特点使得 DED 工艺在工业制造领域有着广泛的应用潜力。

二、DED 工艺参数

在 DED 打印过程中，工艺参数扮演着至关重要的角色。这些参数会直接影响打印效率，以及最终打印件的性能，以下是 DED 的一些关键工艺参数。

（1）激光功率：指的是激光能量输出。激光功率的大小决定了材料能否有效熔化以及熔池的大小。

（2）扫描速度：是指激光束在工件表面移动的速度。扫描速度慢虽然可以增加熔池深度与宽度，但同时也会使整个加工过程耗时更长。

（3）材料进给速度：涉及新材料的添加速度，也被称作粉末喷射速度。保持适当的材料进给速度对于维持熔池温度和确保工艺的稳定性至关重要。

（4）激光扫描策略：包括激光束的扫描路径、参数和模式等。选择不同的激光扫描策略会对 DED 打印件的产品质量和性能产生不同的影响。

（5）激光束直径：该参数决定了激光焦点的尺寸和能量密度。较小的激光束直径能够提供更高的分辨率和精度，从而提高打印件质量。

（6）气体控制：在打印过程中添加不同气体（如惰性气体或活性气体）可以控制熔池的氧化程度和化学反应，这对提高打印件的最终质量非常关键。

三、DED 工艺特点

与其他金属 3D 打印技术相比，DED 工艺具有以下优点。

（1）灵活性更高：DED 工艺能够让激光头和待加工件实现更灵活的移动。当与先进的数控机床系统结合使用时，可以极大地提升产品设计自由度，快速高效地制造结构复杂、形状多变的金属件。

（2）准备时间短：在 DED 设备运行时，惰性气体是从激光头直接喷出并环绕在粉末流和熔池周围，整个过程不需要依赖充满惰性气体的压力室，因此 DED 打印可以快速起动，大大减少增材制造前的准备时间。

（3）大型零件打印：DED 打印机通常配有一个安装在多轴机械臂（通常是四轴或五轴）上的喷嘴，使其具有很高的打印自由度，非常适合增材制造大型零部件，能够制造加工长度达到几米的大型金属结构件，且在打印过程中不需要添加支撑结构。

四、DED 工艺与数控加工

DED 工艺与数控加工之间有着紧密联系和很强的互补性。DED 工艺是一种增材制造技术，其通过熔化金属粉末或线材，逐层堆积来构建完整致密的实体零件。而数控加工则是一种减材加工方式，它依靠数字化信息来控制刀具和工件的移动，对金属毛坯进行切削加工，以此得到机械加工后的零部件。

首先，DED 工艺利用激光、电子束等定向能量源将金属粉末或丝材熔化，并进行逐层累积，快速构建零部件的基本结构，如图 2.54 所示。然后，利用数控加工进行精加工，包括铣削、车削和切割等操作，确保零件满足所需要的精度和表面质量要求，如图 2.55 所示。这两种加工工艺交替执行，可以高效实现复杂金属零部件的高质量加工制造。

图 2.54　DED 工艺用于增材制造

图 2.55　数控加工工艺用于减材加工

将 DED 工艺与数控加工相结合，可以为制造业带来许多创新和进步，两者结合的优势主要体现在以下两个方面。

（1）提升制造效率：DED 工艺能够快速构建零件的基本框架，而数控加工则能高效完成零件的后续精加工。这两种技术相互配合，极大地扩展了复杂零部件的生产制造能力，大幅提升了整个制造过程的效率。

（2）推动创新研发：DED 工艺和数控加工的结合，为设计师和工程师提供了更大的设计灵活性。这种复合加工技术有助于快速生产和修改产品原型，从而缩短新产品的研发时间，加速产品创新和研发进程。

五、DED 应用案例

随着科技进步和制造业发展，零部件的工作环境变得越来越复杂，对表面性能的要求也越来越高，导致零部件的报废率显著增加。在许多情况下，即使零部件的整体性能还能满足工作条件，但由于表面损伤，往往也会被报废。如果对这些由于局部损伤而报废的零部件进行修复，不仅能挽回大量的经济损失，还能有效提高资源的利用率。自 20 世纪 90 年代中期商业化应用以来，DED 技术就被广泛用于工业零部件的熔覆修复。

霍尼韦尔公司已经将激光 DED 技术有效应用在航空业中的先进维修领域，如图 2.56 所示。特别是发动机叶片的激光 DED 修复工艺，这项技术已经在 LF507 涡扇喷气发动机上得到成功应用。据统计，修复发动机叶片的成本仅相当于购买新叶片价格的五分之一。对于一台商用发动机来说，修理其低压涡轮叶片可以比更换这些叶片节约 18 万美元的费用。

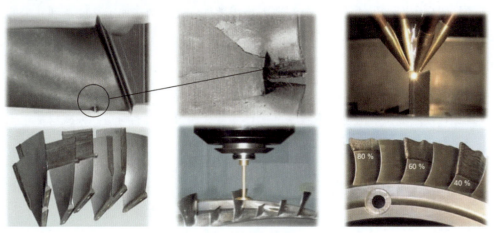

图 2.56   DED 工艺用于航空叶片修复

与其他金属 3D 打印技术一样，DED 工艺也可以用来制造复杂 3D 金属件。以卡车制造商为例，他们通常需要等待几周时间来生产制造模具。利用 DED 打印技术对型芯和型腔进行增材制造，可大幅缩短生产加工时间。通过 DED 工艺制造的模具基本满足设计需要，通常只需再花费一天时间进行精加工即可。

如图 2.57 所示，采用送丝 DED 工艺，卡车部件的注塑模具可在三天内完成生产制造。而在传统生产方式下，同样的模具制造通常需要几周的时间。DED 工艺不仅大幅缩短模具制造的生产周期，还有效提高了生产效率，使得卡车制造商能够更快应对市场变化和客户需求。

此外，DED 工艺在合金设计方面也展现出显著的优势。DED 工艺能够将多种不同的金属材料运用于金属件的 3D 打印，其中包括不锈钢、铝合金、钛合金等材料。这为合金件的增材制造提供了广阔空间，使得设计师可以根据具体的应用需求，选择最合适的材料来进行产品设计。

以切削工具为例，随着技术的进步，人们对这些工具的要求也越来越高，不断寻求工具制造方法上的创新。利用 DED 技术，工程师可以在不锈钢基材上沉积多层 Stellite 合金，制造出一种切削性能优于当前黑合金 525 的新型合金刀片，如图 2.58 所示。

图 2.57   DED 打印的复杂模具型芯

图 2.58   DED 打印的合金刀片

2.6　BJ——黏合剂喷射工艺

知识链接

　　黏合剂喷射（BJ）工艺是通过喷射黏合剂将粉末材料黏结成型，从而实现产品增材制造。这项技术诞生于 20 世纪 80 年代末至 90 年代初，由麻省理工学院的两位教授 Emanuel Sachs 和 Michael Cima 发明。该技术的打印过程与家用喷墨打印机非常相似，只不过将打印材料从纸张换成了粉末。因此，这项技术的专利名称最初就被称为"三维打印"。

　　黏结成型技术在 MIT 实验室发明后很快就被申请为专利，并在 20世纪 90 年代被多家公司采用，并根据不同材料进行了技术改良和商业化应用。在众多应用非金属材料进行黏结成型的公司中，Z Corp 公司尤为知名。它主要使用石膏作为打印材料，利用石膏与以水为主要成分的黏合剂反应来实现增材制造。Z Corp 公司还开创了全彩 3D 打印技术，通过将黏合剂着色并采用 CMYK 色彩混合原理，实现粉末新型材料的着色处理，从而制造出丰富多彩的三维模型，如图 2.59 所示。

图 2.59　基于黏结成型技术的全彩打印

　　在 2012 年，Z Corp 公司被 3D Systems 收购，其全彩 3D 打印技术也被进一步开发，成为 3D Systems 旗下的 Color Jet 系列打印机产品。这一系列 3D 打印机产品的推出，使得全彩 3D 打印技术更加普及，为各行各业带来许多新的应用。

　　ExOne 公司获得了黏结成型方法用于金属打印的独家技术，并将其商业化。ExOne 公司最初主要生产基于不锈钢材料的 3D 打印机，但随着技术的发展，可以用于黏结成型 3D 打印的材料种类不断增多，包括了镍合金以及陶瓷材料。黏结成型的金属 3D 打印件通过一些特殊处理后可以达到 100% 的密度。

　　ExOne 在 1998 年推出市场上第一台商用的黏合剂喷射金属 3D 打印机，名为 RTS-300。随后在 2002年，推出第一台砂型 3D 打印机 S10。2021 年，ExOne 公司被 Desktop Metal 收购，进一步巩固了黏合剂喷射工艺在增材制造领域中的重要地位。

　　黏结成型是最早能够对金属和陶瓷材料进行增材制造的技术之一，如图 2.60 所示。最近几年，随着黏结成型技术的不断突破，这项技术已经能够以更快速度、更低成本对金属件进行批量化增材制造，满足了当前制造业的多样化生产需求。因此，黏结成型技术在金属增材制造领域发挥着极为关键的作用。全球知名的科技企业，如惠普、GE、Desktop Metal、富士康等，都看到了黏结成型技术的巨大市场潜力，纷纷投入资源进行技术开发，并在一定程度上实现了产业化应用，加速了黏结成型技术在金属增材制造领域的普及与发展。

 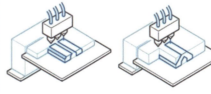 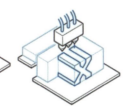

图 2.60　BJ 黏合剂喷射工艺

一、BJ 设备组成与工作原理

黏合剂喷射打印机主要包括构建平台、粉末床、打印头、供粉系统和黏合剂供应系统等五部分，如图 2.61 所示。

首先将一层薄薄的粉末材料均匀铺设在打印机的构建平台上，这层粉末的厚度通常在 $20\sim100\,\mu m$。接下来就像喷墨打印机一样，打印头会在粉末床上来回移动，根据计算机中切片完成的数字化截面信息，精确地将黏合剂喷洒到粉末床上，将粉末颗粒黏合在一起，形成一个固体层。

当一层黏合完毕后，构建平台会下降一个层厚的距离，在已打印好的层面上方铺设一层新的粉末。在此过程中不需要添加支撑结构，因为未被黏合剂黏合的粉末会自然地围绕在打印件的周围，从而起到支撑作用。打印头随后继续在新的一层粉末上喷洒黏合剂。如此循环往复，直到整个物体打印完成。

打印结束后，需要将多余粉末清理掉。此外，还会对打印好的金属件进行一些后处理，比如渗透、烧结或者表面处理，使得打印件具备更好的力学性能和表面质量。

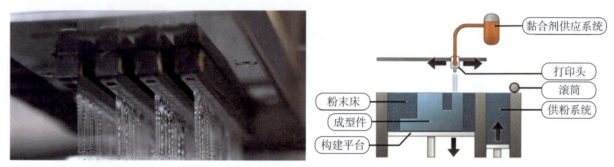

图 2.61　BJ 3D 打印机及其组成

构建平台是打印机用于支撑打印对象的部件。在打印过程中，每完成一层打印后，构建平台就会下降一个层厚的距离，以便在上面添加新的粉末层。

粉末床位于构建平台的上方和打印头的下方，粉末床上的粉末材料会包围在打印件的周边。保持粉末层的均匀和一致性对于打印件的精确性和高品质至关重要。这种装满了粉末材料，用于打印成型的容器有时也被称为成型箱。

打印头的作用是将黏合剂精确喷射到粉末床上。它由多个喷嘴组成，能够根据计算机中的数字化截面信息，有选择性地喷射黏合剂。打印头在粉末床上左右移动，精确地控制黏合剂被喷射到粉末床上的正确位置。不同打印机可能会有不同的打印头设计，有些打印头能够在多个位置同时喷射黏合剂，大大提高了打印速度。

供粉系统负责将粉末材料输送到粉末床上。这个系统一般由一个粉末储存器、用于向上推动粉末的活塞，以及一个将粉末均匀铺设在构建平台上的滚筒组成。滚筒的作用是保证每一层粉末的厚度均匀一致。

黏合剂供应系统负责储存和输送黏合剂。它通常包括一个黏合剂储存器、泵和一个连接储存器与打印头的管道。黏合剂供应系统需要确保黏合剂的流量稳定，这样，打印头才能准确地将黏合剂喷射到粉末床上，同时也可以防止喷嘴被堵塞。

二、BJ 工艺的优缺点

1. BJ 工艺的优点

BJ（黏合剂喷射）工艺的优势主要体现在以下三个方面。

（1）BJ 工艺能够实现快速材料沉积。这是因为打印头可以配备多个喷嘴，可以在多个位置同时喷射黏合剂，而不像激光或挤出喷嘴那样只有一个沉积点。这种多层材料沉积的能力使得黏合剂喷射工艺的打印速度非常快，在一些情况下甚至可以一次性在整个粉末床上完成黏合剂的喷射沉积。

（2）BJ 工艺非常适合批量化打印。黏合剂喷射打印机通常具有较大的体积，使其能够打印大尺寸的零部件，或者在单次打印中同时制造一组零件。这种能力极大地提高了增材制造的批量化生产效率，大幅减少单个零件的平均生产时间，如图 2.62 所示。另外，由于黏合剂喷射过程中不使用高能激光或电子束，因此在打印多个紧密排列的零件时，几乎不存在热变形或翘曲的风险，因此可以更有效地对打印空间进行优化，提高生产效率。

（3）BJ 工艺无须添加支撑结构。如图 2.63 所示，在黏合剂喷射打印过程中，未与黏合剂结合的粉末自然地围绕在打印件周围，对其起到支撑作用。这一工艺特点不仅减少了材料使用和浪费，还简化了产品设计，缩短整体打印时间。相比之下，其他一些增材制造技术，如 FDM 或 SLA 工艺，通常需要设计和打印额外的支撑结构，这不仅增加了生产时间，还加大了后处理的工作量。

图 2.62　BJ 工艺的批量打印优势

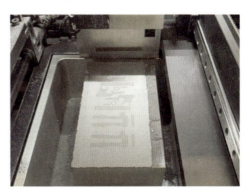

图 2.63　BJ 工艺的无支撑打印优势

2. BJ 工艺的缺点及后期处理方法

BJ 工艺虽然有很多优点，但也存在一些不足之处。其中一个主要缺点是：打印后的产品需要经过一系列后处理，才能达到所需的机械强度和表面光滑度。这些额外的后处理步骤不仅延长了生产周期，还增加了制造成本。以下是黏合剂喷射工艺中常见的后处理方法。

（1）渗透处理。由于黏合剂喷射打印件本身具有多孔性，为提高其力学性能并减少孔隙，通常会对这些零件进行渗透处理。使用低熔点的金属或聚合物等材料渗入零件孔隙中，以此来填充空隙，可以提高零件密度。虽然渗透能够有效增强零件的力学性能，但同时也增加了额外操作，使得制造过程变得更复杂。

（2）烧结处理。在一些应用中，黏合剂喷射打印件还需要通过烧结来进一步提升其力学性能和尺寸精度，如图 2.64 所示。烧结是通过加热零件至低于熔点的一个温度，使粉末颗粒之间相互融合，形成一个更紧密、强度更高的零件结构。但是烧结过程也可能会引起热应力，导致零件发生变形。

（3）表面处理。黏合剂喷射打印件的表面往往不够光滑，如图 2.65 所示。为了获得更平滑的表面质量，需要对其进行额外的后处理，比如喷砂、滚磨或抛光等。这些表面后处理操作增加了生产时间与成本。

BJ 工艺的另一个主要不足之处为：金属打印件的力学性能仍不够理想。

这是因为黏合剂喷射工艺中零件内部存在孔隙，导致打印件在强度、延展性和抗疲劳性上的力学性能一般。虽然可以通过渗透等后处理方法减少零件内部孔隙，在一定程度上提高打印件的力学性能，但与传统机加工方法所得到的金属零件（如铸件和锻件）相比，黏合剂喷射打印件在力学性能上仍然面临不小的挑战。

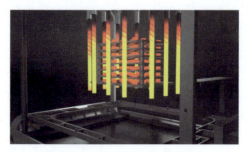

图 2.64　BJ 打印件的烧结处理

图 2.65　BJ 打印件的表面粗糙性

三、BJ 应用案例

1. 快速原型制作

黏合剂喷射技术能够快速制造出结构复杂的零件，因此在快速原型制作领域被大量应用，如图 2.66 所示。设计师和工程师可以快速对他们的设计方案进行反复修改，不断测试新的设计理念，并对零件性能进行优化，大大缩短产品从方案设计到实物验证的时间，提高产品开发效率。

2. 复杂零件生产

与传统的铸造、机加工或锻造等加工方法相比，黏合剂喷射技术更擅长制造那些结构复杂、内部精细、设计上具有挑战性的金属零部件，如图 2.67 所示。

3. 个性化定制

黏合剂喷射技术在制造零件时，能够提供高度的

图 2.66　BJ 工艺在汽车发动机原型开发中的应用

个性化定制，如图 2.68 所示。它可以生产出完全符合特定需求和设计要求的零件，这在传统制造方法中往往难以实现。

图 2.67　基于 BJ 打印的铜质散热器

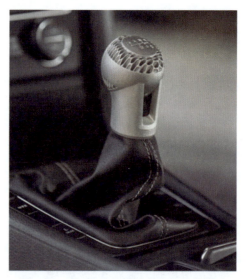

图 2.68　基于 BJ 打印的定制化换挡杆头

 素养园地

　　增材制造工艺，如选择性激光烧结（SLS）和熔融沉积造型（FDM），不仅要求学生掌握技术原理，更可以培养他们精益求精、追求卓越的品质。通过学习这些工艺，学生能从每一层材料的精确堆积中体会对细节和完美的追求，体验"敬业、精益、创新"的工匠精神。这种精神会鼓舞学生将个人发展与国家制造强国战略相结合，以科技创新推动社会进步，去做勇敢担当民族复兴大任的时代新人。

 单元考核

考核情况评分表

学生姓名		学号		班级	
评价内容	增材制造典型工艺的分类（20分）	典型增材工艺的工作原理（35分）	典型增材工艺的优缺点（25分）	典型增材工艺的应用场景（20分）	其他
学生自评（30%）					
组内互评（30%）					
教师评价（40%）					
合计					
教师评语					
总成绩				教师签名	
日期					

增材制造常用材料

思维导图

项目引入

    增材制造技术突破了传统制造的限制，实现了复杂结构的设计和高效生产，正以其革命性的制造方式改变着众多行业。然而，增材制造在材料方面仍然面临一些挑战，如成本较高、力学性能有待提升等。为了克服这些挑战，研究人员不断开发新型增材制造材料，并探索改进材料性能的各种方法。

    本单元将带领读者深入了解增材制造材料的奥秘，探索不同材料的特性、应用领域和改进方法。学习如何根据实际需求选择合适的材料，并掌握提升材料性能的技术。

学习目标

1. 了解增材制造材料的力学性能及其改进方法。
2. 掌握常用增材制造材料的种类、性能和应用。

1. 丝材、粉末、液体和薄片材料的特点。
2. 塑料、金属粉末、陶瓷和光敏树脂材料的特性。

3.1 增材制造材料的力学性能

知识链接

一、增材制造材料力学性能要求

增材制造材料的力学性能要求主要包括高强度和优异的韧性，以确保制件的耐用性和安全性。此外，材料的层间结合强度、抗冲击性能以及耐久性也是重要的考虑因素。

1. 高韧性

高韧性是增材制造用金属的一大特点。在制造过程中，金属材料根据特定的程序，通过逐层叠加的方式构建出三维结构。在这个过程中，构造出的材料具有连续的纤维状晶粒结构，因此材料韧性更好，具有更好的抗疲劳性能和抗裂纹扩展能力。

2. 高强度

增材制造用金属具有高强度的特点。增材制造技术可以实现金属材料以分层叠加的方式进行构造，制造出结构更加紧密的材料。这种结构特征使得金属材料的强度更高，其固有的力学性能得到进一步的增强，可以适应更复杂的应力环境。

3. 较高的疲劳寿命

由于增材制造用金属材料具有高韧性和高强度的特点，因此耐久性也很好。增材制造出的金属件通常具有较高的疲劳寿命，可以经受多次使用和复杂的力学环境。这一特点使得增材制造技术在需要长期稳定性的具有高安全标准的领域中得到广泛应用。

4. 层间结合强度

由于增材制造是通过层层叠加的方式构建制件，因此层与层之间的结合强度也非常重要。材料需要确保各层之间的良好黏合，以避免在使用过程中出现分层或脱落的现象。

5. 抗冲击性能

增材制造的材料应具备一定的抗冲击性能，以应对外部冲击或碰撞，保护制件免受损坏。

6. 耐久性

材料的耐久性关系到制件的使用寿命。增材制造的材料应能在各种环境条件下保持稳定的性能，抵抗老化、腐蚀等因素的影响。

然而，仍然有一些需要改善的问题。例如，增材制造用金属材料往往存在制造缺陷，如气孔、泡沫、未融合和裂纹等。这些问题会影响材料的力学性能。此外，增材制造技术使用的原材料已确定宏观性质，而材料的微观结构特点难以预测，这使得在没有先验知识的情况下，确定金属材料的力学性能变得更加困难。

此外，增材制造的材料还需要根据具体的应用场景进行定制，如在桥梁工程领域，材料的力学性能需要经过严格的测试和验证，以确保桥梁的安全性和稳定性。同时，不同的增材制造工艺对材料的工艺参数也有特定的要求，如熔融沉积技术的分层厚度、喷嘴直径、喷嘴温度等，这些参数的选择直接影响最终制件的力学性能。因此，选择合适的材料和优化工艺参数是确保增材制造件满足力学性能要求的关键。

二、增材制造产品力学性能改进方法

1. 非金属材料

国内外许多学者对相关材料、制造工艺等进行了深入研究，希望获得更多改进增材制造产品力学性能的方法。有学者根据自己的研究成果，在 ABS 塑料中添加了填充材料，从而使该材料的力学性能通过共混改性得到了提升。

非金属材料增材制造的力学性能改进方法包括如下四个方面。

（1）利用优化连续本体法对 ABS 塑料的性能进行优化，从主体材料方面获得成本更低、热稳定性更好、强度更高的非金属增材制造材料。

（2）将含有 10％气相生长碳纤维的增强材料与 ABS 塑料进行混合，获得填充后的增材制造耗材，增强材料的拉伸强度和拉伸弹性模量。

（3）通过与其他材料（如部分金属粉末等）进行熔融共混，获得改性后的复合材料。在 ABS 塑料中加入苯乙烯共聚物，能够获得良好的韧性；增材制造成型件的机械强度和刚度会随非金属材料填充率的增大而增大。

（4）通过对加工零件的尺寸进行重新设计，使之具有与非金属材料增材制造更加匹配的轮廓宽度等数据，从而提升零件的力学性能。当成型件的轮廓宽度设置为 0.4～1.2 mm 时，成型件的抗拉强度与成型件的轮廓宽度变化趋势相同。

2. 金属材料

金属材料增材制造的力学性能改进方法包括如下两个方面。

（1）利用非金属复合材料等对金属增材制造方式进行优化，如利用在选择性激光烧结技术中 nHA 材料含量变化对材料性能的影响，来对增材制造的最终成型件性能进行改进。当 nHA 含量为 5％时，采用金属复合材料增材制造的成型件与纯不锈钢制件之间并没有太大的性能差异。随着 nHA 含量的提升，增材制造成型件与纯不锈钢在抗拉强度与致密度方面的差距越来越大。在进行金属材料增材制造时，需要设计合理的材料配比，以获得最佳抗拉强度和致密度的成型件。

（2）通过对激光功率和扫描速率进行调整，能够有效避免增材制造过程中出现的材料球化以及翘曲，从而整体提升金属或金属复合材料成型件的力学性能。

总体而言，想要在增材制造工艺中迅速提升金属或金属复合材料的力学性能难度极大。普通的成型技术从力学角度分析，主要会受到内部应力结构的影响，从而无法对成型件的刚度和强度进行性能优化。因此，想要从根本上对成型件的力学性能进行优化，单纯依靠改变材料的内部应力结构已经无法实现，必须从增材制造技术的根本工艺入手。

 3.2 常用的增材制造材料

一、增材制造材料的分类

增材制造所用的原材料与普通的塑料、金属、陶瓷等有所区别。根据材料的几何形状，可分为丝材、粉末、液体、薄片四种类型；根据材料的属性，可以分为塑料材料、金属材料、陶瓷材料和光敏树脂材料等。表 3.1 为不同类型材料适用的增材制造工艺。

表 3.1　不同类型材料适用的增材制造工艺

类型	增材制造技术	基本材料
丝材	熔融沉积成型（FDM）	热塑性塑料
	电子束自由成型制造（EBF）	几乎任何合金
粉末	直接金属激光烧结（DMLS）	几乎任何合金
	电子束熔化成型（EBM）	钛合金
	选择性激光熔化成型（SLM）	钛合金、钴铬合金、不锈钢、铝
	选择性热烧结（SHS）	热塑性粉末
	选择性激光烧结（SLS）	热塑性塑料、金属粉末、陶瓷粉末
	石膏 3D 打印（PP）	石膏
薄片	薄材叠层制造（LOM）	纸、金属膜、塑料薄膜
液体	立体光固化成型（SLA）	光敏聚合物
	数字光处理（DLP）	液态树脂
	聚合体喷射（PI）	光敏聚合物

1. 丝状材料

FDM 材料可以是丝状热塑性材料，常用的有蜡、塑料、尼龙丝等。首先，FDM 材料要有良好的成丝性；其次，由于 FDM 过程中丝材要经受"固态—液态—固态"的转变，故要求 FDM 在相变过程中有良好的化学稳定性，且 FDM 材料要有较小的收缩性。对于气压式 FDM 设备，材料可以不要求是丝状，可以是多种成分的复合材料。

（1）ABS 塑料丝。适用于料丝自加压式送丝喷头结构和螺旋挤压式送丝喷头。

（2）熔融材料，如蜡、塑料等，适用于加压熔化罐。熔融挤压喷头的工作原理如下：将所使用的热塑性成型材料装入熔化罐中，利用熔化罐外壁的加热圈对其加热熔化呈熔融状态，然后将压缩机产生的压缩空气导入熔化罐中，气体压力作用在熔融材料的表面上，迫使材料从下方喷嘴挤出。

FDM 系统的价格和技术成本低，体积小，无污染，能直接做出 ABS 制件；但生产效率低，精度不高，最终轮廓形状受到限制。运用 FDM 的工艺特点，可以制作复合材料的快速成型制件，如磁性材料和塑料粉末经过 FDM 喷头制成特殊形状的磁性体，可以实现各向异性，各层异性，不同区域不同性能。这是模具成型所不能实现的。

2. 粉体材料

通常，根据打印设备类型及操作条件的不同，所使用的粉末粒径为 $1\sim100\mu m$，而为了使粉末保持良好的流动性，一般要求粉末具有较高的球形度。理论上讲，所有受热后能相互黏结的粉末材料或表面覆有热塑（固）性黏结剂的粉体材料都能用作 SLS 材料。但要真正适合 SLS 烧结，要求粉体材料有良好的热塑（固）性和一定的导热性，粉体经激光烧结后要有一定的黏结强度；粉体材料的粒度不宜过大，否则会降低成型件质量；而且 SLS 材料还应有较窄的"软化—固化"温度范围，该温度范围较大时，制件的精度会受影响。大体来讲，3D 打印激光烧结工艺对成型材料的基本要求如下。

（1）具有良好的烧结性能，无须特殊工艺即可快速精确地成型。

（2）对于直接用作功能零件或模具的原型，力学性能和物理性能（强度、刚性、热稳定性、导热性及加工性能）要满足使用要求。

（3）当原型间接使用时，要有利于快速方便的后续处理和加工工序，即与后续工艺的接口性要好。

（1）蜡粉。

1）用途：烧结制作蜡型，精密铸造金属零件。

2）优点：可使用传统的熔模精铸用蜡（烷烃蜡、脂肪酸蜡等），其熔点较低，在60℃左右，烧熔时间短，烧熔后没有残留物，对熔模铸造的适应性好，且成本低廉。

3）缺点：①对温度敏感，烧结时熔融流动性大，使成型不易控制；②成型精度差，蜡模尺寸误差为±0.25mm；③蜡模强度较低，难以满足具有精细、复杂结构铸件的要求；④粉末的制备十分困难。

（2）聚苯乙烯（PS）。

1）特点：聚苯乙烯属于热塑性树脂，熔融温度为100℃，受热后可熔化、黏结，冷却后可以固化成型，而且该材料吸湿率很小，仅为0.05%，收缩率也较小。其粉料经过改性后，即可作为激光烧结成型用材料。

2）用途：烧结成型件经不同的后期处理工艺具有以下功能：①结合浸树脂工艺，进一步提高其强度，可作为原型件及功能零件；②经浸蜡后期处理，可作为精铸蜡模使用，通过熔模精密铸造，生产金属铸件。

（3）尼龙粉末（PA）。

1）用途：粉末粒径小，制作模型精度高，用于CAD数据验证，具有足够的强度，可以进行功能验证。

2）特点：粉末熔融温度为180℃；烧结制件不需要特殊的后期处理，即可以具有49MPa的抗拉伸强度。

3）其他：尼龙粉末烧结快速成型过程中，需要较高的预热温度，需要保护气体，对设备性能要求高。

（4）覆膜砂粉末、覆膜陶瓷粉末材料。

1）覆膜砂：与铸造用覆膜砂类似，采用热固性树脂，如酚醛树脂包覆锆砂、石英砂。利用激光烧结方法，制得的原型可以直接当作铸造用砂型（芯）来制造金属铸件。锆砂具有更好的铸造性能，尤其适合于具有复杂形状的有色合金铸件，如镁、铝等合金的铸造。

①材料成分：包覆酚醛树脂的石英砂或锆砂，粒度在160目以上。

②应用：用于制造砂型铸造的石英或锆型（芯）。

③应用实例：砂型铸造及型芯的制作，适用于单件、小批量砂型铸造金属铸件的生产，尤其适合用于传统制造技术难以实现的金属铸件。

2）覆膜陶瓷粉：与覆膜砂的制作过程类似，被包覆陶瓷粉可以是 Al_2O_3、ZrO_2 和 SiC 等，激光烧结快速成型后，结合后期处理工艺，包括脱脂及高温烧结，可以快捷地制造精密铸造用型壳，进而浇注金属零件。也可直接制造工程陶瓷制件，烧结后再经热等静压处理，最终零件相对密度高达99.9%，可用于制作含油轴承等耐磨、耐热陶瓷零件。

（5）金属粉末。

用SLS制造金属功能件的方法是将金属粉末烧结成型，成型速度较快，精度较高，技术成熟。3D打印所使用的金属粉末一般要求纯净度高、球形度好、粒径分布窄、氧含量低。目前，应用于3D打印的金属粉末材料主要有钛合金、钴铬合金、不锈钢和铝合金材料等。此外，还有用于打印首饰用的金、银等贵金属粉末材料。

3. 液体材料

液体光敏树脂通常由两部分组成，即光引发剂和树脂。其中树脂由预聚物、稀释剂及少量助剂组成。当光敏树脂中的光引发剂被光源（特定波长的紫外光或激光）照射吸收能量时，会产生自由基或阳离子，自由基或阳离子使单体和活性低聚物活化，从而发生交联反应而生成高分子固化物。

液体光敏树脂需具备的特性：

（1）黏度低。利于成型树脂较快流平，便于快速成型。

（2）固化收缩小。固化收缩会导致零件变形、翘曲、开裂等，影响成型零件的精度。低收缩性树脂有利于高精度成型。

（3）零件湿态强度高。较高的湿态强度可以保证后固化过程不产生变形、膨胀及层间剥离。

（4）溶胀小。湿态成型件在液态树脂中的溶胀会造成零件尺寸偏大。

（5）杂质少。固化过程中没有气味，毒性小，有利于操作环境。

4. 薄片材料

LOM 原型一般由薄片材料和黏结剂两部分组成。根据对原型性能要求的不同，薄片材料可分为纸、塑料薄膜、金属箔等。对于薄片材料要求厚薄均匀，力学性能良好并与黏结剂有较好的涂挂性和黏结能力。用于 LOM 的黏结剂通常为加有某些特殊添加剂组分的热熔胶。LOM 技术成型速度快，制造成本低，成型时无须特意设计支撑，材料价格也较低。但薄壁件、细柱状件的剥离比较困难，而且由于材料薄膜厚度有限制，制件表面粗糙，需要烦琐的后处理过程。

二、常用的增材制造材料

1. 塑料材料

塑料是以合成树脂或化学改性的天然高分子为主要成分，再加入填料、增塑剂和其他添加剂制得，在一定条件（温度、压力等）下可塑成一定形状并且在常温下保持其形状不变的材料。通常按合成树脂的特性分为热塑性塑料和热固性塑料。

（1）热塑性塑料。

加热后软化，形成高分子熔体的塑料称为热塑性塑料。热塑性聚合物常在材料挤出和粉末床熔融工艺中使用。虽然两种工艺都涉及热层黏附，但使用的机理不同。无定形热塑性塑料最适合材料挤出，而半结晶聚合物通常被用于粉末床熔合。

1）用于材料挤出的热塑性塑料。

对于材料挤出工艺，因其熔体特性，应优选非晶态热塑性塑料。这些聚合物普遍包括丙烯腈-丁二烯-苯乙烯共聚物（ABS）和聚乳酸（PLA），可以在较宽的温度范围内软化到熔融温度，形成适用于从 0.2～0.5mm 直径的喷嘴中挤出的高黏度材料。

材料挤出工艺需要通过后期处理去除支撑突出部位。后期处理中一般用以下两种方法：

①采用相同材料制成低强度的格子结构与零件连接。

②通过双头系统采用蜡基或聚乙烯醇（PVA）材料制成的支撑体，在后期处理阶段，通过熔化或溶解去除。PVA 是用于 PLA 模型材料的水溶性支撑材料。

通常，在挤出材料的沉积轨道之间会存在空隙，使得挤出材料力学性能变差，并且存在各向异性效应。

2）用于粉末床熔融的热塑性塑料。

粉末床熔融使用红外激光（通常是直径为 $10\mu m$ 的 CO_2 激光束）、红外射线 IR 或紫外线 UV 热源（灯），用于熔化大部分半结晶粉末原料。用于粉末床熔融最受欢迎的半结晶材料是聚酰胺-12（尼龙），它的熔点比结晶温度高约 35℃。通过将增材制造温度设置在这两个温度点之间，被激光熔化的材料会保持熔融并与周围未熔化的粉末处于热平衡，最终在构建后均匀地发生重结晶，从而降低残余应力。

由于四周的粉末能起到一定的支撑作用，因此，塑料在粉末床熔融过程中不需要设计支撑部件，构建的模型可以包括多个嵌套结构，可通过调整工艺参数或者增加后期处理工序，来获得致密度较高的零件。

下面介绍几种在增材制造中常用的热塑性材料的性能特点。

①ABS。ABS 是一种用途极广的热塑性材料。它是丙烯腈、丁二烯和苯乙烯的三元共聚物，A 代表丙烯腈，B 代表丁二烯，S 代表苯乙烯。

特点：具有抗冲击性、耐热性、耐低温性、耐化学药品性，且电气性能优良，还具有易加工、制品尺寸稳定、表面光泽性好、颜色多样等特点。

应用：一般用于机械、汽车、电子电器、仪器仪表、纺织和建筑等领域。

ABS 黏附性良好，可以实现高速打印。直接运用 ABS 较困难，在打印大型零件时，材料往往会因为打印路径较长导致材料冷却固化而不能形成较好的层间结合，可以通过使用加热床来解决该问题。ABS 材料的打印温度为 210～240℃，加热床的温度为 80℃以上，材料的软化温度为 105℃左右。ABS 材料最大的缺点是打印时有强烈的气味。

②PLA。PLA 是一种新型的生物降解材料，使用可再生的植物资源（如玉米）所提取的淀粉原料制成。它具有良好的生物可降解性，使用后能被自然界中的微生物完全降解，最终生成二氧化碳和水，不污染环境。

PLA 在医药领域应用也非常广泛，如用在一次性输液器、手术缝合线中。打印 PLA 材料时有棉花糖气味，不会像 ABS 那样出现刺鼻的不良气味。PLA 收缩率较低，打印时能直接从固体变为液体。由于 PLA 材料的熔点比 ABS 低，流动较快，不易堵塞喷嘴。但 PLA 易受热受潮，并不适合长期户外使用或在高温环境下工作。加热时，从空气吸收的水分可能会变成水蒸气，影响某些挤出机的正确加工。

③PC。PC 的中文名称为聚碳酸酯，它具有耐热、抗冲击、阻燃、无味无臭、对人体无害、符合卫生安全标准等优点，可作为最终零部件使用。PC 材料的强度比 ABS 材料高出约 60%，具备较高的工程材料属性。PC 的性能明显超过 ABS 和 PLA，所以很适合使用在加热床上。温度高于 60℃的加热床可以克服其分层问题。但是，PC 容易吸收空气中的水分，导致加工过程出现问题。

④PPSF/PPSU。PPSF/PPSU 是 FDM 热塑性塑料中强度最高、耐热性最好、抗腐蚀性最强的材料，能通过伽马射线、环氧乙烷以及高温灭菌器杀菌，通常作为最终零部件使用。

⑤ABS-M30i。ABS-M30i 是一种高强度且无毒的材料，通过了生物相容性认证，用于制作医学概念模型、功能性原型、工具及生物相容性的最终零部件。

⑥PC-ABS。PC-ABS 是一种应用最广泛的热塑性工程塑料，具备了 ABS 的韧性和 PC 材料的高强度及耐热性。大多应用于汽车、家电及通信行业，主要用于概念模型、制造工具及最终零部件等。

⑦PA（聚酰胺）。PA 在商业上普遍被称为尼龙。在市场上可以找到不同种类的聚酰胺与其他物质的混合物。制件具有柔韧性和耐磨性。与 ABS 和 PLA 不同，PA 脆性低，因此强度较高。作为半结晶热塑性材料，PA 在每个单层沉积后冷却时比其他材料收缩更多。由于这个原因，它比 ABS 和 PLA 更容易弯曲。

⑧PEEK（聚醚醚酮）。PEEK 是一种性能比较优异的半结晶热塑性塑料。PEEK 具有高强度、耐热、耐水解、耐化学性能好以及环保无毒等优点。PEEK 对侵蚀性环境具有化学抗性，这一性能为医疗和食品接触应用领域提供了更持久和可消毒的材料。更为特别的是，这种材料可以通过医学认证，直接用在人工假体植入体的个性化制造中。缺点是成本过高，不适合大规模应用，而且打印温度过高，需要 340℃。

（2）热固性塑料。

加热后固化，形成交联的不熔结构的塑料称为热固性塑料。热固性塑料的典型代表是光敏树脂，它由光引发剂和树脂（低聚物、稀释剂及少量助剂）两大部分组成。

增材制造中使用的典型光聚合物材料由单体、低聚物、光引发剂和各种其他添加剂组成。这些添加剂包括抑制剂、染料、消泡剂、抗氧化剂、增韧剂等，有助于调整光聚合物的特性。首先获得应用的光聚合物是紫外光（UV）引发剂和丙烯酸酯单体的混合物，乙烯基醚则是早期树脂中使用的另一类单体，但是丙烯酸酯和乙烯基醚树脂的收缩率较大（5%～20%），当零件采用分层制造时，会导致零件内部的残余应力积累，从而使零件产生明显的翘曲。丙烯酸酯树脂的另一个缺点是它们的聚合反应容易被大气中的氧气所抑制。20世纪90年代初期，开始采用环氧树脂来克服这些缺点，它在给光聚合制造工艺带来巨大变革的同时使树脂的配方更加复杂。

环氧树脂是常见的阳离子光聚合物。环氧单体反应时，可以开放提供位点给其他化学键。因为在反应之前和之后化学链的数量和类型基本相同，所以开环能够赋予最小的体积变化。因此，光固化环氧树脂（SL树脂）的收缩通常小于丙烯酸酯，并且较少产生翘曲和卷曲。几乎所有市售的光固化树脂都含有大量的环氧树脂。

商业增材制造树脂是丙烯酸酯、环氧树脂和其他低聚物材料的混合物。丙烯酸酯倾向于快速反应，而环氧树脂为零件提供强度和韧性。丙烯酸酯属于自由基聚合，而环氧树脂以阳离子聚合来形成聚合物。两种类型的单体彼此不反应，但它们混合后，会反应形成互穿聚合物网络（IPN）。IPN是一类特殊类型的聚合物，其中的两种聚合物分子以网络形式交联，这种形态是由两个并行反应而不是简单的机械混合过程产生的。

丙烯酸酯和环氧树脂在固化过程中相互影响。丙烯酸酯的反应将增强感光速度，降低环氧反应的能量需求。丙烯酸酯单体的存在可以降低湿度对环氧聚合的抑制作用。此外，在丙烯酸酯单体的早期聚合期间，环氧单体可作为增塑剂；当环氧树脂仍处于液体阶段时丙烯酸酯已生成网络结构。这种增塑效应，通过增加分子迁移率，有利于链增长反应。最终，丙烯酸酯发生了更广泛的聚合反应，导致它与纯丙烯酸酯单体相比具有更高的分子量。此外，由于环氧聚合所导致的黏度上升，混合体系中的丙烯酸酯表现出对氧不敏感，不会导致大气中的氧扩散到材料中来。

2. 金属粉末材料

金属粉末是激光熔覆沉积（LENS）和直接定向能量沉积（DED）等增材制造工艺中用于制造优质金属部件的主要原材料。材料喷射（MJ）工艺也可用于生产金属部件。采用该工艺制造零件需要用较低熔点的金属（如黄铜）进行炉膛烧结或渗透，以获得致密的金属部件。

常见的商业合金包括纯钛、Ti_6Al_4V、316L不锈钢、17-4PH不锈钢、18Ni300马氏体时效钢、$AlSi_{10}Mg$、CoCrMo、镍基超级合金Inconel 718和Inconel 625。

随着新元素的不断加入，可用的金属材料范围越来越广。贵金属如金、银和铂，已经可以通过3D打印消失蜡模进行间接制造，但目前也采用选择性激光熔融（SLM）工艺进行直接制造。当涉及熔融时，金属通常具有可焊接或可铸造的特点，以便采用增材制造工艺进行制造。较小的移动熔池明显小于最终零件的尺寸。这一局部热影响区与较大而冷的区域直接接触导致较高的温度梯度，从而产生较大的热残余应力和非平衡微观结构。采用粉末供料时，对于粉末床熔合（PBF）和DED两种工艺来说，其粉末原料应选择不同尺寸范围的球形颗粒，后者往往对原料的尺寸、质量不太敏感。丝材也是某些DED工艺的适用材料，它会产生比使用粉末原料时更大的熔池，可以实现更高的生产率。

金属打印制品可以应用在航空航天、汽车工业、生物医学等高端领域，因而受到广泛的重视。目前，可用于金属打印的粉末材料还存在价格高、品种少、产业化程度很低的问题。在金属打印工艺中，对材料的要求较为严格，传统粉末冶金用的金属材料还不能完全满足该类工艺要求。用于金属打印的粉末除应具备良好的可塑性外，还应满足流动性好、粉末颗粒细小、粒度分布较窄、含氧量低等要求。

目前，有能力制造金属打印专用粉末的制造商有瑞士的Sulzer Metco、瑞典的Sandvik和Hoganas Digital Metal、英国的LPW、意大利的Legor Group等公司，可提供钴铬合金、不锈钢、钛合金、模具钢、镍合金等金属打印材料。表3.2是3D打印用金属材料的种类和主要用途。

表 3.2 3D 打印用金属材料的种类和主要用途

金属种类	主要合金和编号	主要用途
钢铁材料	不锈钢（304L、316L、630、440C）、马氏体时效钢（18Ni）、工具钢、模具钢（SKD-11、M2、H13）	医疗器材、精密工具、成型模具、工业零件、文艺制品
镍基合金	超合金（IN625、IN718）	氧涡轮、航天零件、化工零件
钛与钛基合金	钛金属（CPT）、钛合金（Ti-6Al-4V 合金）、Ti-Al 合金、Ti-Ni 合金	热交换器、医疗、化工零件、航天零件
钴基合金	F75（Co-Cr-Mo 合金）、超合金（HS188）	牙冠、骨科植体、航天零件
铝合金	Al-Si-Mg 合金（6061）	自行车、航天零件
铜合金	青铜（Cu-Sn 合金）、Cu-Mg-Ni 合金	成型模具、船用零件
贵金属	18K 金、14K 金、Au-Ag-Cu 合金	珠宝、文艺制品
其他特殊金属	非品质材料（Ti-Zr-B 合金）、液晶合金（Al-Cu-Fe 合金）、多元高熵合金、生物可分解合金（Mg-Zn-Ca 合金）	仍在开发研究阶段、主要用于工业零件、精密模具、汽车零件、医疗器材等
导电墨水	Ag	用于喷墨打印电子器件

粉末制备方法按照制备工艺可分为机械法和物理化学法两大类。物理化学法包括还原、沉淀、电解和电化腐蚀四类。机械法主要有研磨、冷气体粉碎以及气雾化法等。其中气雾化制粉适合用于金属粉末的制造。气雾化法技术自 19 世纪末至 20 世纪初经过不断的发展，现已经成为生产高性能金属及合金粉末的主要生产方法。

3. 陶瓷材料

陶瓷材料是用天然或合成化合物经过成型和高温烧结制成的一类无机非金属材料。具有高熔点、高硬度、高耐磨性以及高耐氧化性等优点。在航空航天、汽车、生物领域有着广泛应用。

但由于陶瓷具有高熔点和低韧性的特性，很难直接应用在增材制造工艺中。铝及其合金虽然已经可以用于直接定向能量沉积和粉末床熔合工艺，但是要达到全密度工艺仍然存在一定的困难。在大多数情况下，直接采用陶瓷进行增材制造会因温度变化而产生较多裂纹。缓解裂纹的方法包括工艺参数优化、添加辅助设备（超声波、热、磁）和掺杂增韧材料。陶瓷的间接增材制造工艺需要使用某种形式的黏合剂将增材制造工艺之后的部件黏结在一起。除直接定向能量沉积外，许多增材制造工艺都已经被用于间接制造陶瓷零件，如早期研究的基于材料挤出的工艺，包括熔融沉积和自动铸造工艺。在 20 世纪 90 年代中期，薄材叠层制造方法被用于加工氧化铝、氧化锆、碳化硅和氮化硅。另一种早期方法是将细陶瓷颗粒（通常为氧化铝或氮化硅）混合到立体光刻树脂中。颗粒必须很细，以便制成不沉降的悬浮液。它必须具有近似聚合物树脂的折射率，以防止产生不必要的衍射。最后，为了保持树脂的可流动黏度，固体含量必须小于 50%。

通常，用于间接增材制造陶瓷工艺的黏合剂在零件中存在的时间很短，它将会在后处理步骤中被转化或除去，使得零件最终只有纯陶瓷或陶瓷基复合材料。将混合粉末、黏合剂和浆料采用粉末床融合方法处理，最后制成的陶瓷增材制造部件能形成全密度部件，可以代替高温炉烧结工艺。

冷冻形式挤出制造（Freezeform Extrusion Fabrication，FEF）是一种环保型增材制造工艺，通过计算机控制挤出沉积水性胶结剂，逐层生成 3D 陶瓷零件。不同于使用热板沉积水性陶瓷浆料的自动铸造，FEF 通过在受控制的冷冻条件下沉积水性浆料来制造陶瓷部件，能够制造相对较大的零件。然而，FEF 工艺的主要问题是在糊状物冷冻期间可能形成相当大的冰晶，可能在零件烧结后导致明显的孔隙，而且会降低零件的致密度。为了克服该问题，最近开发了陶瓷按需挤压工艺，它是一种室温下基于挤出的增材制造工艺，它使用辐射加热使连续层之间的浆料均匀干燥，生产的复合陶瓷部件具有接近理论致密度的、紧凑的微观结构，如图 3.1 所示。

图 3.1　采用氧化铝浆料和按需挤压工艺制成的陶瓷部件

但因陶瓷具有硬而脆的特性，加工特别困难。用于 3D 打印的陶瓷材料是陶瓷粉末与黏结剂的混合物。黏合剂粉末的熔点相对较低，烧结时黏合剂熔化从而使陶瓷粉末黏结在一起。常用的黏合剂有三类：①有机黏合剂，如聚碳酸酯、聚甲基丙酸酯等；②金属黏合剂，如铝粉；③无机黏合剂，如磷酸二氢铵等。

由于打印完毕后还要进行浸渗、高温烧结处理等过程，因此黏合剂与陶瓷粉末的比例会影响零件的性能。目前，陶瓷打印技术还没有成熟，国内外还在研究当中。奥地利学者开发出基于光刻的陶瓷制造（Lithography-based Ceramic Manufacturing，LCM）技术，使用光聚合物作为陶瓷颗粒之间的黏合剂，从而能够精确生成密度较高的陶瓷生坯。美国 HotEnd Works 公司采用加压喷雾（Pressurized Spray Deposition，PSD）技术来打印氧化铝、氧化锆、氮化铝、碳化钨、碳化硅、碳化硼以及各种"陶瓷—金属"基质等。PSD 技术通过喷嘴分别喷射出陶瓷材料和黏合剂材料，再通过高温加工工艺去除黏合剂材料。

4. 光敏树脂材料

光敏树脂一般为液态，可用于制作耐高温、防水的材料。目前，研究光敏树脂 3D 打印技术的有美国的 3D Systems 和 Stratasys 公司。这两家公司占据了绝大部分 3D 打印光敏树脂的市场，它们将这种树脂作为核心专利加以保护且与打印机捆绑销售。

（1）3D Systems 公司的光敏树脂。

3D Systems 公司的 Accura 系列产品（见表 3.3）应用范围较广，几乎所有的 SLA 技术都可使用，另外一款光敏树脂是基于喷射技术的 VisiJet 系列中的产品。

表 3.3　3D Systems 公司的 Accura 系列（部分）

材料型号	材料类型	特点
Accura 25	模制聚丙烯材料	柔软精准、富有美感
Accura 48HTR	抗温抗湿塑料	用于抗温度和湿度需求的塑料
Accura 55	制模 ABS 塑料	精细美观，性能优良，黏度低，零部件的清洁和加工更加便捷，材料成型率高，大幅提升零件加工的效率和质量

（2）Stratasys 公司的光敏树脂。

Stratasys 公司的光敏树脂材料有三大类实体材料和一种支撑材料。实体材料有 Vero 系列光敏树脂、FullCure705 水溶性高分子材料、其他助剂。光固化支撑材料也是光敏树脂，目前该公司开发的 Eden 系列的 3D 打印机，使用液态的光敏树脂作为支撑材料，并利用紫外光固化，最后用水枪去除支撑材料。Stratasys 公司推出了基于 PolyJet 技术的"数字材料"，通过调整不同的材料比例使生产出来的零件具有不同的材料特性。

（3）DSM 的光敏树脂。

DSM 公司研发出一系列的 SLA 耗材，有耐高温要求的树脂，如 Nanotool、ProtoTherm12120，有耐冲击性能优异的材料，如 DMX-SL100，有高透明材料，如 WaterClear Ultra 10122、WaterShed XC 11122，其透光度与亚克力材料类似，还有韧性好的 9120 树脂等。

SOMOS NEXT 材料为白色材质，是类 PC 新材料，材料韧性非常好，可用于制作电动工具手柄等，基本可替代 SLS 制作的尼龙材料。

5. 其他增材制造材料

（1）复合材料。

复合材料开发考虑了以下因素：原料和制备（熔融、长丝、纤维、颗粒），均匀性和性能。必须设计基体与分散或嵌入相之间的界面，以便正确黏合、传递负载和防止腐蚀。这里考虑的是通过增材制造但不进行后期处理（如渗透或涂层）制造的复合材料。

1）聚合物复合材料。

用于挤出工艺的复合材料，允许是离散的、非均匀的分层，可以在沉积之前将原料配制成聚合物复合材料。聚合物原料的添加剂必须采用适当组分，以保证挤出物具有适当的黏度，并且可有效缩短整个零件的生产时间。原料通常由聚合物、增黏剂、增塑剂、表面活性剂和第二相（如金属、陶瓷或聚合物的颗粒或纤维）组成。增黏剂增加灵活性，增塑剂改善流变性，表面活性剂改变第二相的分散特性。可以通过配制不同原料来获得包含纳米管的聚合物复合材料。纤维增强复合材料，通常是碳纤维增强复合材料或玻璃纤维，其力学性能取决于纤维的取向和矩阵光纤接口设计。纤维增材制造工艺是将连续纤维、短切碳纤维和玻璃纤维包埋在尼龙基体中来制造相应零部件。机械试验证明，采用这种工艺制造的连续碳纤维复合材料零件比 6061-Al 合金产品具有更高的强度重量比。采用增材制造工艺生产的聚合物复合材料制品如图 3.2 所示。

（a）增强尼龙叶轮　　　　　（b）发动机安装的玛瑙叶轮强制空气冷却

图 3.2　聚合物复合材料制品

桌面式 3D 打印机现在可用于电子器件开发，如图 3.3 所示。该打印机使用 PLA 细丝和高导电胶体银墨水将 3D 电路完全嵌入功能组件中，无须进一步处理，3D 打印软件可以暂停制造进程，用于插入预制组件。比商业导电热塑性细丝的导电性高 2 万倍的油墨也已经被开发出来。

粉末床熔合是复合材料研究开发的另一种常用方法，其制造商数量相对较多。基体的液相烧结

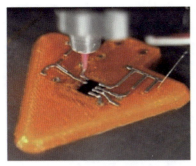

图 3.3　具有 3D 电路的 PLA 部件

（LPS），可以通过第二相和粉末的预混合功能来获得更好的性能。液相烧结在生物活性材料中常用于聚合物基复合材料，如聚醚醚酮（PEEK）、羟基磷灰石（HA）、磷酸三钙/聚 L-乳酸（PLLA）和 PCL 颗粒（＋HA/PCL），如图 3.4 所示。目前已经加工出了许多颗粒和聚合物增强晶须的化学物质，包括玻璃、纳米黏土、碳纤维、碳化硅等。

大容量聚合物已被用于加工生物活性的玻璃支架、石墨烯氧化物增强的热塑性塑料、多聚合物微结构阵列和多表面特性的层压板。在使用氧气做抑制剂的光刻工艺（Oxygen-Inhibition Lithography，OIL）中，零件的尺寸精度不受紫外线曝光的限制，而是受每层材料的体积和光掩模细节所影响。

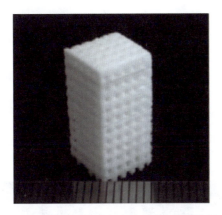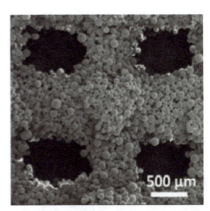

（a）具有高度有序的长方体形态的烧结支架　　　（b）孔内的SEM放大图像

图 3.4　聚合物基质复合材料

2）金属复合材料。

使用增材制造的金属基复合材料包括颗粒复合材料、纤维复合材料、层压板和功能梯度材料（Functionally Gradient Material，FGM）。选择性激光熔融（SLM）和激光金属沉积（Laser Metal Deposition，LMD）是金属材料增材制造的常用工艺。

功能梯度材料是一种成分、结构和性能在空间位置呈梯度变化的材料。采用结合基材料和二次相作为粉末原料，通过液相烧结来制备金属基复合材料（Metal Matrix Composite，MMC），可以改善烧结性能。在金属基复合材料的制备过程中添加一些添加剂可提升材料的相关性能，如添加一定比例的氧化镧可降低表面张力来改善零件致密度。同时，添加剂也可用于控制晶粒生长，提高烧结性能和调节热膨胀系数（Coefficient of Thermal Expansion，CTE），这对于加工功能梯度材料至关重要。功能梯度材料已经实现了从金属到金属和从金属到陶瓷的功能梯度。

金属直接沉积（Direct Metal Deposition，DMD）技术已经被应用于制造具有陶瓷增强相的金属基复合材料，如 Ti6-4/TiB、Ti6-4/TiAl、Ti6-4/Ni、Ti6-4/WC、W-Co 金属陶瓷、Ti/SiC、TiC/Ni/Inconel、Inconel/WC 和用硼化物增强的四元金属基体。

在航空航天应用中，同一零件不同部位（如推进器的喷嘴）对力学性能和热性能的要求可能不同，功能梯度材料就特别适用于该场合。两种合金的功能梯度材料，能够很好地解决两种合金因为不同的热膨胀系数而导致的不兼容问题。

激光技术能够通过在线反应的方式制造金属复合材料，它能够为金属间的化学反应提供必要的能量。而超声波固化技术（Ultrasonic Consolidation，UC）作为一种新型的固态制造工艺，可以将金属箔与 3D 结构连接在一起，然后通过机械加工制造出相应的几何形状。通过超声波固化工艺还可以在金属基中嵌入纤维，使其成为纤维增强的金属复合材料。在制造复杂几何形状时，通过该工艺可获得较高的制造精度，因为该技术无须采用高温，并且没有熔化金属，因此不会因冷凝收缩而产生尺寸误差，也不会因为温度变化而产生残余应力。尽管 UC 具有以上优点，但材料界面的设计仍然是阻碍其应用的主要问题之一，因为材料界面设计不好会导致嵌入相的力学性能不理想。

3）陶瓷基复合材料。

陶瓷基复合材料是在陶瓷增材制造中发展起来的，也是增材制造技术的主要研究领域。这类材料一般都是通过将复合材料颗粒混合均匀之后，采用选择性激光烧结（Selective Lase Sintering，SLS）或一些其他增材制造工艺固化而成。黏合剂喷射（BJ）也可用于生产陶瓷基复合材料，它可保证尺寸精度和制造复杂的几何形状。常规制造的碳化硅复合材料或者碳化硅增强复合材料，需要在后期处理中引入碳或者熔融硅来键合 SiC。通过材料喷射和粉末床组合物的制备，已经实现了 Si-SiC 复合材料的制造。选择性激光胶凝（Selective Laser Gelling，SLG）是一种将陶瓷溶胶—凝胶工艺与选择性激光烧结结合在一起的增材制造工艺，它与 SLS 的机械工艺相同。SLG 有效地利用溶胶的凝胶将悬浮颗粒融合在基体中。这种利用凝胶化的技术需要很少的能量来进行混合。此外，凝胶机制对浆料的配置更具灵活性和广泛的应用范围。

将来，材料喷射也有可能成为复合材料制造的一种增材制造工艺，已经有利用材料喷射技术来制造电介质陶瓷和金属电极的报道。该技术能够使用多喷嘴以沉积不同的油墨成分来制造高分辨率微观结构。然而，由于其沉积速率低，制造一个中等尺度的零件可能需要花费数小时才能完成。同时它可以通过原料的供给量等参数，通过剪切致稀来制造蜂窝结构。如图 3.5 所示为利用 Ni-BaTiO$_3$ 制造电介质样品端子的横截面图，在层间存在没有接触的间隙可防止其电性能降低。

图 3.5　Ni-BaTiO$_3$ 制造电介质样品端子的横截面

人们还开发了用于陶瓷增材制造的冷冻形式挤出制造（FEF）方法，用于制备从氧化铝到氧化锆的功能梯度材料，并将该方法用于制造从钨到碳化锆的梯度材料。

（2）生物医用高分子。

3D 打印技术一诞生就很快在生物医用领域得到应用，并成功运用高分子材料制得细胞、组织、器官以及个性化组织支架等模型。

1）水凝胶。

水凝胶有很好的生物黏附性，并且其力学性能与人体软组织极其相似，因此被广泛应用于组织工程支架材料以及药物的可控释放。3D 打印技术可以实现对材料外部形态和内部结构的精确控制，有利于细分布的调控以及材料与生物体的匹配。水凝胶则以其特有的生物亲和性成为 3D 打印的一种特殊材料，在医学领域有很大应用前景，但是其成本昂贵的问题使其难以拓宽应用范围。3D 打印中常用的水凝胶有丙烯酸酯封端的聚乙二醇（PEG）等。例如，以聚乙二醇双丙烯酸酯（PEG-DA）为原料，利用 3D 打印制备出了水凝胶神经导管支架，以 PEG-DA/藻盐酸复合原料制备了主动脉瓣水凝胶支架，该水凝胶的弹性模量可在 5.3～74.6kPa 范围内变化。另外，通过 3D 打印技术，以甲基丙烯酸饰的 PLA-PEG-PLA 三嵌段共聚物为原料，可以制备出多孔或非多孔水凝胶，材料具有良好的贯通性，较窄的孔径分布和较高的力学性能。

2）脂肪族聚酯。

脂肪族聚酯是具有如式（3.1）所示结构单元的均聚物和共聚物（R 代表不同脂肪族聚合物特有的烃基）脂肪族聚酯具有良好的生物相容性，也是生物医疗的一种重要材料。例如，以富马酸封端的三臂聚（D，L＝丙交酯）[(PLA-FA)$_3$] 为原料，加入稀释剂和共聚单体，通过 3D 打印技术成功制备得到了可降解的组织工程支架，这种工程支架具有规整的螺旋孔结构，具有较高的弹性模量，提高了尺寸稳定性。

$$H—[—OC(R)H—(CH_2)_n—CO—]_m—H \tag{3.1}$$

3）PC。

常用的生物医用材料还有 PC，可分为脂族和芳香族两类。脂族 PC 具有很好的生物相容性和生物可降解性，成为 3D 打印的优选材料之一。PC 多被用作药物的缓释载体、骨骼支撑材料等。例如，以三亚甲基碳酸酯（PTMC）为原料，通过微 3D 打印技术制备出了三维微柱、微条和多微通道结构等。

4）生物材料。

生物材料是用于人体组织和器官的诊断、修复或增进其功能的一类材料，即用于取代、修复活组织的天然或人造材料。生物材料可以分为金属材料（钛合金等）、无机材料（生物活性陶瓷、羟基磷灰石等）和有机材料三大类。根据材料的用途，这些材料又可以分为生物惰性、生物活性或生物降解材料。

在介绍增材制造的常用材料时，着重加深学生对材料科学的认识和对国家资源战略的理解。强调材料选择对环境的影响，引导学生树立绿色制造的理念，提倡使用环保材料，促进循环经济的发展。同时，教育学生要深刻认识到材料创新对国家科技进步的重要性，激发他们的科技创新精神。通过分析国内外材料发展的现状，培养学生的国际视野和民族自豪感，让他们明白自主研发高性能材料对于国家工业自主可控的深远意义，进而成为有责任、有担当的新时代材料科学人才。

单元考核

考核情况评分表

学生姓名		学号		班级	
评价内容	增材制造材料的力学要求（20分）	常用增材制造材料的分类（20分）	3D 打印用塑料材料的用途（30分）	3D 打印用金属材料的用途（30分）	其他
学生自评（30%）					
组内互评（30%）					
教师评价（40%）					
合计					
教师评语					
总成绩				教师签名	
日期					

单元 4

增材制造与三维扫描

思维导图

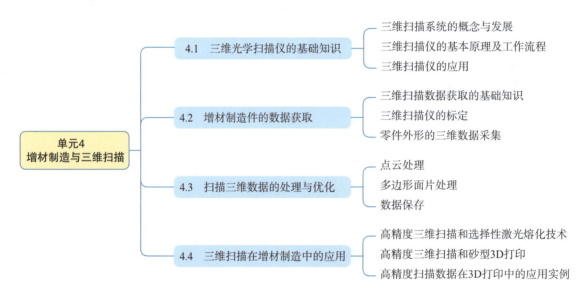

- 4.1 三维光学扫描仪的基础知识
  - 三维扫描系统的概念与发展
  - 三维扫描仪的基本原理及工作流程
  - 三维扫描仪的应用

- 4.2 增材制造件的数据获取
  - 三维扫描数据获取的基础知识
  - 三维扫描仪的标定
  - 零件外形的三维数据采集

单元4
增材制造与三维扫描

- 4.3 扫描三维数据的处理与优化
  - 点云处理
  - 多边形面片处理
  - 数据保存

- 4.4 三维扫描在增材制造中的应用
  - 高精度三维扫描和选择性激光熔化技术
  - 高精度三维扫描和砂型3D打印
  - 高精度扫描数据在3D打印中的应用实例

项目引入

科技的进步推动着工业制造向智能化、个性化方向发展。三维扫描技术作为一项重要的数字化工具，正日益受到关注。它能够将真实物体的三维信息快速转化为数字化模型，为产品设计和制造提供精准的数据支持，是推动制造业转型升级的关键技术之一。

本节将详细介绍三维扫描技术，三维扫描仪的种类、原理、操作流程以及数据处理方法。将以Win3DD 三维扫描仪为例，介绍其硬件结构、软件功能和操作技巧。此外，本节还将探讨三维扫描技术在增材制造中的应用，包括与选择性激光熔化技术和砂型 3D 打印技术的结合，以及如何利用光固化 3D 打印机对逆向建模后的零件进行快速成型。

学习目标

1. 了解三维扫描仪的基础知识，并熟悉 Win3DD 三维扫描仪的使用。
2. 了解三维数据采集软件的应用，并掌握三维扫描仪的标定操作。
3. 掌握零件外形的三维数据采集方法及扫描数据的处理与优化。
4. 了解三维扫描在增材制造中的应用，特别是与 SLA 打印机的集成。

学习重点、难点

1. Win3DD 扫描仪的标定步骤。
2. Wrap 软件中的扫描数据采集。
3. 点云数据的处理、优化和导出。
4. 逆向建模与光固化打印的集成。

4.1 三维光学扫描仪的基础知识

知识链接

　　随着工业技术的进步和经济的发展，在消费者对高质量产品的需求下，产品不仅要具有先进的功能，还要有流畅、富有个性的外观。复杂的自由曲面在产品造型中的运用日益广泛。但是，传统的产品开发模式（基于产品或构件的功能和外形，由设计师在计算机辅助设计软件中构造，即正向工程）很难用严密、统一的数学语言来描述这些自由曲面。为适应现代先进制造技术的发展，越来越需要将实物样件或手工模型转化为 CAD 数据，以便利用快速成型系统、计算机辅助制造（Computer Aided Manufacturing，CAM）系统、产品数据管理（Product Data Management，PDM）等先进技术对其进行处理和管理，并进一步修改和优化。

　　获取真实物体的三维模型是计算机视觉、机器人学、计算机图形学等领域的一个重要研究课题，在计算机图形应用、计算机辅助设计和数字化模拟等方面都有广泛的应用。在计算机中对客观真实世界进行再现，也称为三维重建。长久以来，由于受到科学技术发展水平的限制，我们所能得到并进行有效处理及分析的绝大多数数据是二维数据，处理和分析设备有照相机、录像机、图像采集卡、平面扫描仪等。然而，随着现代信息技术的飞速发展以及图形图像应用领域的扩大，如何将现实世界的立体信息快速地转换为计算机可以处理的数据，已经成为人们新的需求和目标。

　　三维扫描仪（3D scanner）就是针对三维信息领域的发展而研制开发的计算机信息输入的前端设备。人们只需对任意实际物体进行扫描，就能在计算机上得到实物的三维立体图像。它还原度好、精度高，为人们的创意设计、仿型加工提供了广阔的天地。即使是一个没有任何经验的用户，也能通过扫描实体模型，较容易地制作出专业品质的计算机三维图像与三维动画。

　　三维扫描仪，包括三维数字化转换仪、激光扫描仪、白光扫描仪、工业 CT 系统、Rider 等。所有设备的共同目的是捕捉实物，然后用点云和面片再现出来。

一、三维扫描系统的概念与发展

1. 三维扫描的概念

三维扫描是集光、机、电和计算机技术于一体的先进全自动高精度立体扫描技术，主要用于对物体空间外形、结构和色彩的扫描，以获得物体表面的空间坐标。它的重要意义在于能够将实物的立体信息转换为计算机能直接处理的数字信号，为实物数字化提供了方便、快捷的手段，如图 4.1 所示。三维扫描技术具有速度快、精度高的优点，其测量结果能直接与多种软件接口，使它在 CAD、CAM、CIMS 等技术日益普及的今天很受欢迎。

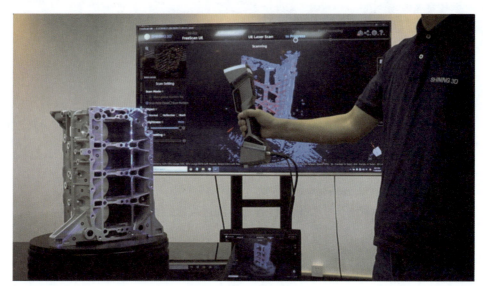

图 4.1　三维扫描

三维扫描仪是一种进行三维扫描的科学仪器，用来侦测并分析现实世界中物体或环境的形状（几何构造）与外观数据（如颜色、表面反照率等性质）。其收集的数据常被用于进行三维重建计算，在虚拟世界中创建实际物体的数字模型。在发达国家的制造业中，三维扫描仪作为一种快速的立体测量设备，因其测量速度快、精度高、非接触、使用方便等优点而得到越来越多的应用。用三维扫描仪对样品、模型进行扫描，可以得到其立体的尺寸数据，这些数据能直接与 CAD/CAM 软件接口，在 CAD 系统中对数据进行调整和修补，再送到加工中心或快速成型设备上制造，可以极大地缩短产品制造周期。

2. 三维扫描仪的种类

三维扫描仪分为接触式三维扫描仪（三坐标测量仪）和非接触式三维扫描仪。其中，非接触式三维扫描仪又分为光栅三维扫描仪（拍照式三维扫描仪）和激光扫描仪。如图 4.2 所示为三坐标测量仪，如图 4.3 所示为三维激光扫描仪。

3. 三维扫描仪的发展历程

1884 年，德国工程师尼普科夫（Paul Gottlieb Nipkow）利用硒光电池发明了一种机械扫描装置，这种装置在后来的早期电视系统中得到应用，到 1939 年被淘汰。虽然它与 100 多年后利用计算机来操作的扫描仪没有必然联系，但从历史的角度来说，这算是人类历史上最早使用的扫描技术。

扫描仪是 20 世纪 80 年代中期出现的光、机、电一体化产品，它由扫描头、控制电路和机械部件组成，采取逐行扫描方式，得到的数字信号以点阵的形式保存，再使用文件编辑软件将它编辑成标准格式的文本存储在磁盘上。从诞生至今，扫描仪的种类多样，并在不断地发展。

图 4.2　三坐标测量仪

图 4.3　三维激光扫描仪

（1）点测量。

点测量的代表系统有三坐标测量仪、点激光测量仪和关节臂扫描仪。它通过每一次的测量点反映物体表面特征，优点是精度高，但扫描速度慢，如果要做逆向工程，则只在测量高精密几何公差要求的物体上有优势。它适用于物体表面几何公差检测。

（2）线测量。

线测量的代表系统有三维台式激光扫描仪、三维手持式激光扫描仪和"关节臂＋激光"扫描头。这类系统通过一段（一般为几厘米，激光线过长时会发散）有效的激光线照射物体表面，再通过传感器得到物体表面数据信息。它适合扫描中小件物体，扫描景深小（一般只有 5cm），精度较高。此类系统发展比较成熟，其新产品最高精度已经达到 0.01m。精度比肩点测量，速度已有极大的提高，在高精度工业设计领域有广泛应用。

（3）面扫描。

面扫描的代表系统有拍照式三维扫描仪和三维摄影测量系统等。这类系统通过传感器获取一组光栅在物体表面的位移信息，进而得到物体表面的几何数据，如图 4.4 所示。

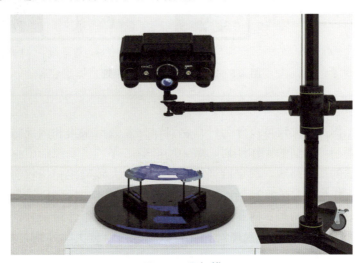

图 4.4　面扫描

4. 三维扫描仪的用途

（1）三维扫描仪创建物体几何表面的点云（point cloud），这些点可用来插补成物体的表面形状，点云越密集，创建的模型越精确（这个过程称为三维重建）。若扫描仪能取得表面颜色，则可进一步在重建的表面上粘贴材质贴图，也就是材质映射（texture mapping）。

（2）三维扫描仪的作用和相机相似，它们的视线范围都体现圆锥状，信息的收集都限定在一定范围内。两者的不同之处在于相机所抓取的是颜色信息，而三维扫描仪测量的是距离信息。

二、三维扫描仪的基本原理及工作流程

下面以三维激光扫描仪为例介绍三维扫描仪的基本原理及工作流程。

1. 三维扫描仪的基本原理

无论是何种类型扫描仪，其构造原理都是相似的。三维激光扫描仪的主要构造是一台高速、精确的激光测距仪，配上一组可以引导激光并以均匀角速度扫描的反射棱镜。激光测距仪主动发射激光，同时接收由自然物表面反射的信号，从而进行测距。针对每一个扫描点可测得测站至扫描点的斜距，再配合扫描的水平和垂直方向角，可以得到每一扫描点与测站的空间相对坐标。如果测站的空间坐标是已知的，那么可以求得每一个扫描点的三维坐标，如图 4.5 所示。

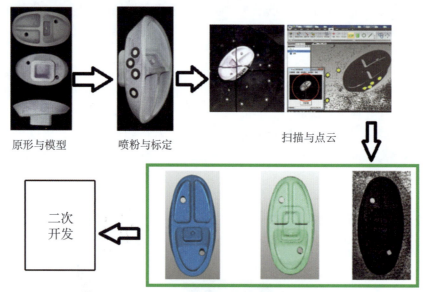

原形与模型　　　　喷粉与标定　　　　　扫描与点云

二次开发

点云数据处理过程

图 4.5　三维扫描仪的基本原理

2. 三维扫描仪的工作流程

三维激光扫描仪的工作过程大致可以分为计划制订、外业数据采集和内业数据处理三部分。在具体工作展开之前，首先需要制订详细的工作计划，做一些准备工作，主要包括根据扫描对象的不同和精度的具体要求设计一条合适的扫描路线，确定恰当的采样密度，大致确定扫描仪至扫描物体的距离、设站数、设站位置等。外业工作主要是采集数据，主要包括数据采集、现场分析采集到的数据是否大致符合要求、进行初步的质量分析和控制等。内业数据处理是最重要也是工作量最大的一环，主要包括外业采集的激光扫描原始数据的显示，数据的规格网格化，数据滤波、分类、分割，数据的压缩，图像处理，模式识别，等等。

三、三维扫描仪的应用

近年来，三维扫描技术不断发展并日渐成熟。三维扫描仪的巨大优势在于可以快速扫描被测物体，无须反射棱镜即可直接获得高精度的扫描点云数据，这样就可以高效地对真实世界进行三维建模和虚拟

重现。因此，它已经成为当前研究的热点之一，并在文物数字化保护（见图 4.6）、工业工程测量、自然灾害调查、数字城市地形可视化和城乡规划等领域有广泛的应用。

图 4.6　文物数字化保护

（1）测绘工程领域，包括大坝和电站基础地形测量、公路测绘、铁路测绘、河道测绘、桥梁、建筑物地基测绘、隧道的检测及变形监测、大坝的变形监测、隧道地下工程结构测量等。

（2）结构测量方面，包括桥梁扩建工程，桥梁结构测量，结构检测和监测，几何尺寸测量，空间位置冲突测量，空间面积和体积测量，三维高保真建模，海上平台、造船厂、电厂和化工厂等大型工业企业内部设备的测量，管道和线路测量，各类机械制造安装等。

（3）建筑和古迹测量方面，包括建筑物内部及外观的测量保真、古迹（古建筑、墓葬雕像等）的保护测量（见图 4.7），文物修复、资料保存，遗址测绘，现场虚拟模型，现场保护性影像记录等。

（4）应急服务，包括陆地侦察和攻击测绘、灾害估计、交通事故和犯罪现场正射图、森林火灾监控、滑坡泥石流预警、灾害预警和现场监测、核泄漏监测。

图 4.7　三维扫描仪在古迹保护（雕像）测量中的应用

（5）娱乐行业，包括电影产品的设计、人物造型和场景设计、3D游戏开发（见图4.8）、虚拟博物馆（见图4.9）、虚拟旅游指导、人工成像、场景虚拟、现场虚拟。

图4.8　3D游戏开发

图4.9　虚拟博物馆

1. 三维激光扫描仪的应用

三维激光扫描技术是近年来出现的新技术，在国内引起越来越多研究者的关注。它是利用激光测距的原理，通过记录被测物体表面大量密集点的三维坐标、反射率和纹理等信息，快速复建出被测目标的三维模型及线、面、体等各种数据。由于三维激光扫描系统可以密集地大量获取目标对象的数据点，因此相比传统的单点测量，拥有巨大优势。三维激光扫描技术也被称为从单点测量进化到面测量的革命性技术突破。该技术在文物古迹保护、建筑、规划、土木工程、工厂改造、室内设计、建筑监测、交通事故处理、法律证据收集、灾害评估、船舶设计、数字城市、军事分析等领域也有了很多尝试、应用和探索。三维激光扫描仪如图4.10所示。

2. 照相式三维扫描仪的应用

照相式三维扫描仪是针对工业产品设计领域的新一代扫描仪，与传统的激光扫描仪和三坐标测量系统比较，其测量速度提高了数十倍。由于它有效地控制了误差，因此整体测量精度也大大提高。其采用可见光将特定的光栅条纹投射到测量工作表面，借助两个高分辨率的CCD数字照相机对光栅干涉条纹进行拍照，利用光学拍照定位技术和光栅测量原理，可在极短时间内获得复杂工作表面的完整点云。其独特的流动式设计和不同视角点云的自动拼合技术，使扫描不需要借助机床的驱动，扫描范围可达 12m，使大型工件扫描变得高效、轻松和容易。其高质量的扫描点云可用于汽车制造业中的产品开发、逆向工程、快速成型和质量控制，甚至可实现直接加工。

照相式三维扫描仪主要由光栅投影设备和两个工业级的 CCD 数字照相机构成，由光栅投影在待测物上，并进行粗细变化及位移，配合 CCD 数字照相机将所获取的数字影像通过计算机运算处理，即可得知待测物的实际 3D 外形。

照相式三维扫描仪采用非接触白光技术，避免对物体表面的接触，可以测量各种材料的模型，如图 4.11 所示。测量过程中被测物体可以任意翻转和移动，从而对物体进行多个视角的测量，由系统进行全自动拼接，可轻松实现物体 360°高精度测量。照相式三维扫描仪还能在获取表面三维数据的同时，迅速获取纹理信息，得到逼真的物体外形，能快速地应用于模具制造行业的扫描作业。

图 4.10　三维激光扫描仪　　　　图 4.11　照相式三维扫描仪

3. 接触式三维扫描仪的应用

接触式三维扫描仪（见图 4.12）采用探测头直接接触物体表面，通过探测头收集反馈回来的光电信号并转换为数字信息，从而实现对物体表面形状的扫描和测量。此类产品主要以三坐标测量仪为代表。

接触式测量具有较高的准确性和可靠性，配合测量软件，可快速准确地测量出物体的基本几何形状，如面、圆、圆柱、圆锥、圆球等。其缺点是：测量费用较高；探头易磨损；测量速度慢；无法检测一些内部元件；如欲求得物体真实外形，则需要对探头半径进行补偿，由此可能导致修正误差的问题；在测量时，接触探头尖端部分与被测件发生局部变形，影响测量值的实际读数；由于探头触发机构的惯性及时间延迟而使探头产生超越现象，趋近速度会产生动态误差。

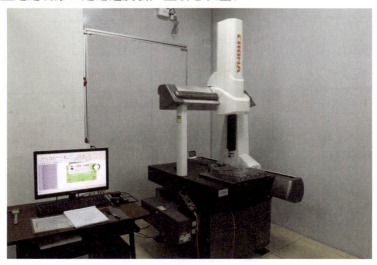

图 4.12　接触式三维扫描仪

接触式扫描仪主要用于机械、汽车、航空、军工、家具、工具原型、模具等行业中的箱体、机架、齿轮、凸轮、蜗轮、蜗杆、叶片、曲线、曲面等的测量，还可用于电子、五金、塑胶等行业。可对工件的尺寸、形状和几何公差进行精密检测，从而完成零件检测、外形测量、过程控制等任务。然而因其在扫描过程中必须接触物体，待测物有遭到探针破坏和损毁的可能，因此不适用于高价值对象（如古文物、遗迹等）的重建作业。

4.2 增材制造件的数据获取

首先通过测量扫描仪以及各种先进的数据处理手段获得产品实物或者模型的数字信息，然后充分利用成熟的逆向工程软件或者正向设计软件，快速、准确地建立实体三维模型。经过工程分析和CAM编程加工出产品模型，最后制成产品。实现"产品或者模型→再设计（再创新）→产品"的开发流程，即逆向工程技术。逆向工程技术的实施条件包括硬件条件和软件条件。

一、三维扫描数据获取的基础知识

1. 三维扫描仪硬件

（1）Win3DD三维扫描仪的硬件结构。

逆向工程技术实施的硬件条件包含前期的三维扫描设备和后期的产品制造设备。产品制造设备主要有切削加工设备，以及近几年发展迅速的快速成型设备。三维扫描设备为产品三维数字化信息的获取提供了硬件条件。不同的测量方式，决定了扫描的精度、速度和经济性，也造成了测量数据类型及后续处理方式的不同。数字化精度决定三维数字模型的精度及反求的质量；测量速度也在很大程度上影响反求过程的快慢。目前常用的测量方法在数字化精度和测量速度两个方面各有优缺点，并且有一定的适用范围，所以应根据被测物体的特点及对测量精度的要求选择对应的测量设备。下面介绍一款常用的结构光三维扫描仪——Win3DD单目三维扫描仪，其结构如图4.13所示。

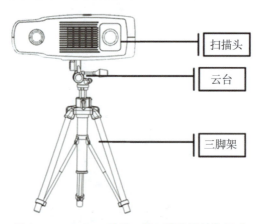

图4.13 Win3DD单目三维扫描仪的结构组成

Win3DD系列产品是北京三维天下科技股份有限公司自主研发的高精度三维扫描仪，在延续经典双目系列技术优势的基础上，对外观、结构、软件功能和附件配置进行大幅提升，除具有高精度的特点之外，还具有易学、易用、便携、安全、可靠等特点。

Win3DD 单目三维扫描仪硬件系统结构可分为三部分，下方为支撑扫描头的三脚架，中间为云台，上方为扫描头，扫描头是硬件系统结构组成中的主要部分。

（2）Win3DD 三维扫描仪扫描头。

如图 4.14 所示为三维扫描仪扫描头的几个部位，为了保障 Win3DD 单目三维扫描仪的使用寿命及扫描精度，在使用扫描头时应注意以下事项。

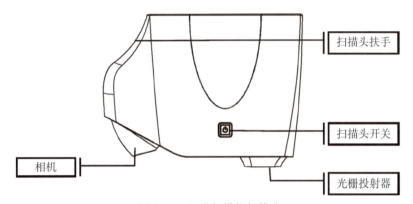

图 4.14　三维扫描仪扫描头

1）避免扫描系统发生碰撞，以免造成不必要的硬件系统损坏或影响扫描数据质量。

2）禁止触碰相机镜头和光栅投射器镜头。

3）扫描头扶手仅用于云台对扫描头做上下、水平、左右调整时使用。

4）严禁在搬运扫描头时使用此扶手。

云台和三脚架如图 4.15 所示。Win3DD 单目三维扫描仪使用前须仔细阅读设备操作手册，了解使用技巧及注意事项。

使用技巧如下。

1）调整云台旋钮可使扫描头进行上下、左右、水平方向旋转。

2）调整三脚架旋钮可对扫描头高低程度进行调整。

云台及三脚架在角度、高低度调整结束后，一定要将各方向的螺钉锁紧。否则可能会由于固定不紧造成扫描头内部器件发生碰撞，导致硬件系统损坏，也可能导致在扫描过程中硬件系统晃动，对扫描结果产生影响。

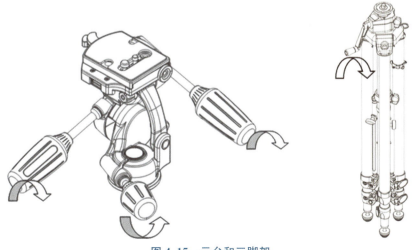

图 4.15　云台和三脚架

（3）Win3DD 三维扫描仪的特点。

1）Win3DD 单目三维扫描仪具有精度高、可靠性好的特点，能够快速、准确地进行单幅扫描。

2）Win3DD 单目三维扫描仪设有三维预览功能，允许用户预先评估测量结果，检查由于被测表面不平整等因素带来的扫描区域深度不足、死角角度过大等问题，大大减少了扫描错误。

3）先进的自动调焦功能，能够根据被测物的距离、反射率等自动调整焦距和激光束的强度，多次对焦功能对于有深度的测量物可以得到高精度的数据。

4）全新的传感器和测量计算法提供了延伸的动态范围，可以测量有光泽的物体（如金属）表面。

5）外观设计简洁，结构设计紧凑、轻便，在工作环境中具有可移动性。

6）Win3DD 单目三维扫描仪操作简单、易学易用，受到逆向工程从业人员的青睐。

2. 三维数据采集软件

随着逆向工程及其相关技术理论研究的深入进行，其成果的商业应用也日益受到重视。在专用的逆向工程软件问世之前，三维数字模型的重构都依赖于正向的 CAD/CAM 软件，如 UG、Pro/E、CATIA、SolidWorks 等。由于逆向建模的特点，正向的 CAD/CAM 软件不能满足快速、准确的模型重构需要，伴随着对逆向工程及其相关技术理论的深入研究及其成果的广泛应用，大量的商业化专用逆向工程三维建模系统日益涌现。目前，市场上主流的逆向三维建模功能软件达数十种之多，具有代表性的有 Geomagic Design X、Imageware、RapidForm、CopyCAD、中望 3D 等。常用的 CAD/CAM 集成系统中也开始集成逆向设计模块，如 CATIA 软件中的 DES、QUS 模块，Pro/E 软件中的 Pro/SCAN 功能，UG NX 3.0 软件已将 Imageware 集成为其专门的逆向设计模块。这些系统软件的出现，极大地方便了逆向工程设计人员，为逆向工程的实施提供了软件支持。下面就专用的逆向造型软件做概要介绍。

（1）Geomagic Wrap 软件。

Geomagic Wrap 软件是美国 Geomagic 公司出品的逆向工程和三维检测软件，其数据处理流程为"点阶段→多边形阶段→曲面阶段"，可轻易地从扫描所得的点云数据创建出完美的多边形模型和网格，并可自动转换为 NURBS 曲面。Geomagic Wrap 软件可根据任何实体（如零部件）自动生成准确的数字模型。Geomagic Wrap 软件可获得完美的多边形和 NURBS 模型；处理复杂形状或自由曲面形状时，速度比传统 CAD 软件提高 10 倍；自动化特征和简化的工作流程，可有效缩短学习时间。Geomagic Wrap 软件在数字化扫描后的数据处理方面具有明显的优势，受到使用者广泛青睐。本书选用的就是 Geomagic Wrap 系列产品，并使用新版本的 Geomagic Design X 软件进行逆向工程设计。

（2）Imageware 软件。

Imageware 软件由美国 EDS 公司出品，是著名的逆向工程软件，被广泛应用于汽车、航空、航天、日用家电、模具、计算机零部件等设计与制造领域。Imageware 软件采用 NURBS 技术，功能强大，处理数据的流程按照"点云→曲线→曲面"原则，流程清晰，并且易于使用。Imageware 软件在计算机辅助曲面检查、曲面造型及快速样件成型等方面具有强大的功能。

（3）Delcam CopyCAD Pro 软件。

Delcam CopyCAD Pro 软件是世界知名的专业逆向/正向混合设计 CAD 系统，采用全球首个 Tribrid Modelling 三角形、曲面和实体三合一混合造型技术，集三种造型方式于一体，创造性地引入逆向/正向混合设计理念，成功地解决了传统逆向工程中不同系统相互切换、烦琐耗时等问题，为工程人员提供了人性化的创新设计工具，从而使"逆向重构＋分析检验＋外形修饰＋创新设计"在同一系统下完成，为各个领域的逆向/正向设计提供了快速、高效的解决方案。

（4）Geomagic Design X 软件。

Geomagic Design X 软件是全球四大逆向工程软件之一。Geomagic Design X 软件提供了新一代运算模式、多点云处理技术、快速点云转换成多边形曲面的计算方法、彩色点云数据处理等功能，可实时运算点云数据，并生成无接缝的多边形曲面，成为 3D 扫描后数据处理最佳的接口。彩色点云数据处理功能将颜色信息映像在多边形模型中，在曲面设计过程中，将颜色信息完整保存，并运用 RP 成型设备制作出有颜色信息的实物模型。Geomagie Design X 软件也提供上色功能，通过实时上色编辑工具，使用者可以直接为模型编辑喜欢的颜色。

（5）Geomagic Control X 软件。

Geomagie Control X 软件是一款功能全面的检测软件，包含多种工具与简单明了的工作流。质检人员可利用 Geomgie Control X 软件实现简单操作与直观的全方位控制，让质量检测流程拥有可跟踪、可重复的工作流。其快速、精确、信息丰富的报告和分析功能应用在制造工作流程中，能有效提高生产率与产品质量。

学习实践

二、三维扫描仪的标定

1. 数据采集软件简介

Wrap Win3D 三维数据采集系统是由北京三维天下科技股份有限公司自主研发的三维数据采集系统，在延续 Win3DD 三维扫描系统技术优势的基础上，对算法进行了相关优化设计，搭载了 Wrap 软件功能，操作更加简单方便。

（1）Wrap Win3D 界面介绍。

双击 Wrap 图标，起动 Wrap 三维扫描系统软件，单击"采集"→"扫描"按钮，进入软件界面，如图 4.16 所示。选择 Win3D Scanner，单击"确定"按钮。

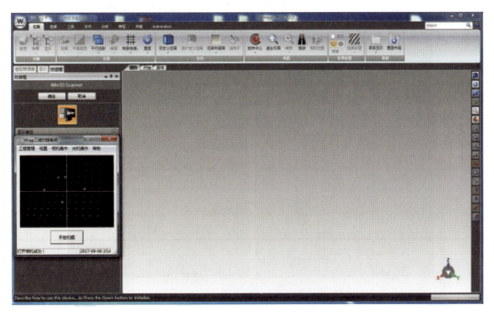

图 4.16　Wrap Win3D 软件界面

如图 4.17 所示为 Wrap 三维扫描系统的软件界面，包含扫描系统名称以及菜单栏，即包含扫描时所需的相关功能命令。在相机显示区内可实时显示扫描采集区域，用户可根据显示区域在扫描前合理调整扫描角度。

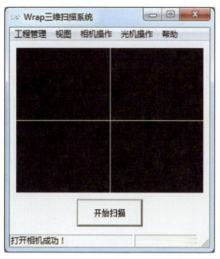

图 4.17　Wrap 三维扫描系统软件界面

（2）菜单栏功能。

菜单栏具体的介绍如下。

1）工程管理。

新建工程：在对被扫描工件进行扫描之前，必须新建工程，即设定本次扫描的工程名称、相关数据存储的路径等信息。

打开工程：打开一个已经存在的工程。

2）视图。

标定/扫描：主要用于扫描视图与标定视图的相互转换。

3）相机操作。

参数设置：对相机的相关参数进行调整。

4）光机操作。

投射十字：控制光栅投射器投射出一个十字叉，用于调整扫描距离。

5）帮助。

帮助文档：显示帮助文档。

注册软件：输入加密序列码。

（3）软件标定视图。

起动 Wrap Win3D 扫描系统，首先起动专用计算机、硬件系统，使扫描系统预热 5～10min，以保证标定状态与扫描状态尽可能相近。双击 Wrap 图标起动软件，单击"采集"→"扫描"按钮，进入软件界面，选择"视图"→"标定/扫描"命令切换为标定界面，如图 4.18 所示。

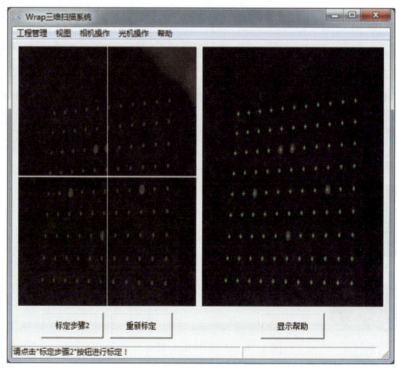

图 4.18　标定界面

标定界面的功能命令及其详解如下。

①开始标定：开始执行标定操作。

②标定步骤：开始标定操作，即下一步操作。

③重新标定：若标定失败或零点误差较大，单击此按钮重新进行标定。

④显示帮助：引导用户按图示放置标定板。

⑤标定信息显示区：显示标定步骤及进行下一步提示。

⑥相机标志点提取显示区：显示相机采集区域提取成功的标志点圆心位置（用绿色十字叉标识）。

⑦相机实时显示区：对相机采集区域进行实时显示，用于调整标定板位置的观测。

2. 扫描仪标定操作过程

标定操作是使用扫描仪扫描数据时的前提条件，也是扫描系统精度高低的决定因素。因此，使用扫描仪扫描数据之前，需对设备进行标定操作。

（1）需要标定操作的几种情况。

1）扫描仪设备进行远途运输。

2）对扫描仪硬件系统进行调整。

3）扫描仪硬件系统发生碰撞或者严重振动。

4）扫描仪设备长时间不使用。

（2）标定操作的注意事项。

1）标定的每一步都要保证标定板上至少有 88 个标志点，如图 4.19 所示。

2）特征标志点被提取出来才能继续下一步标定。

3）如果最后计算得到的误差结果太大，标定精度不符合要求，则需重新标定，否则会得到无效的扫描精度与点云质量。

（3）具体标定操作过程。

1）起动 Wrap Win3D 扫描系统。

起动 Wrap Win3D 扫描系统，首先起动专用计算机、硬件系统，使扫描系统预热 5～10min，以保证标定状态与扫描状态尽可能相近。双击 Wrap 图标起动软件，单击"采集"→"扫描"按钮，进入软件界面，选择"视图"→"标定/扫描"命令切换为标定界面。

2）调整扫描距离。

将标定板放置在视场中央，通过调整硬件系统的高度以及俯仰角，使两个十字叉尽可能重合（此时高度为 600mm，为理想的扫描距离），如图 4.20 所示。

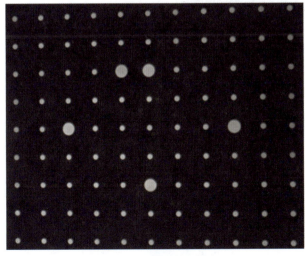

图 4.19 扫描到的标定板

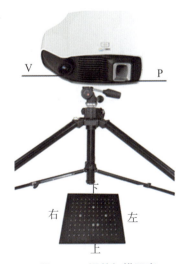

图 4.20 调整扫描距离

3）标定步骤。

根据右侧显示的帮助，开始标定过程。

步骤1 将标定板水平放置，调整扫描距离后单击"标定"按钮，此时完成了第1步，如图4.21所示。

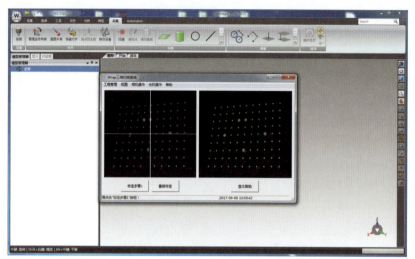

图 4.21　标定步骤1

步骤2 标定板不动，调整三脚架（摇动3圈，升高），升高硬件系统高度40mm，满足要求后单击"标定步骤1"按钮，完成第2步，如图4.22所示。

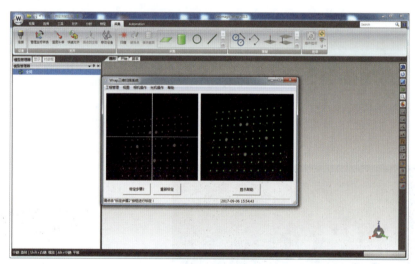

图 4.22　标定步骤2

步骤3 标定板不动，调整三脚架（摇动6圈，降低），使硬件系统高度降低80mm，单击"标定步骤2"按钮，然后再调整三脚架，将硬件系统升高40mm，进入下一步，如图4.23所示。

步骤4 （摇动3圈，升高），硬件系统高度恢复到600mm，将标定板旋转90°，垫起与相机同侧下方一角，角度约为20°，让标定板正对光栅投射器，完成第4步，如图4.24所示。

步骤5 硬件系统高度不变，垫起角度不变，将标定板沿同一方向旋转90°，完成第5步，如图4.25所示。

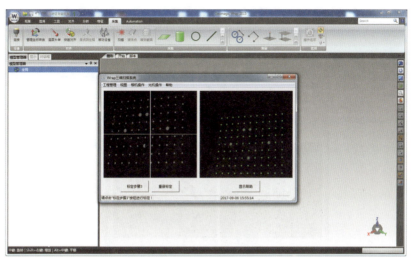

图 4.23　标定步骤 3

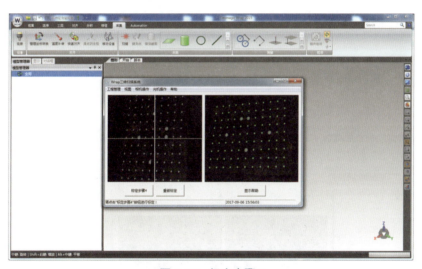

图 4.24　标定步骤 4

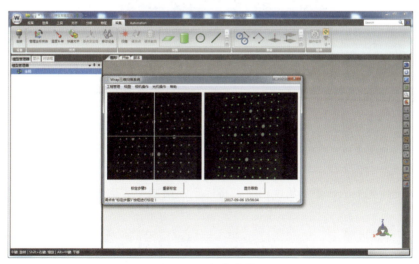

图 4.25　标定步骤 5

步骤 6 硬件系统高度不变，垫起角度不变，将标定板沿同一方向旋转 90°，完成第 6 步，如图 4.26 所示。

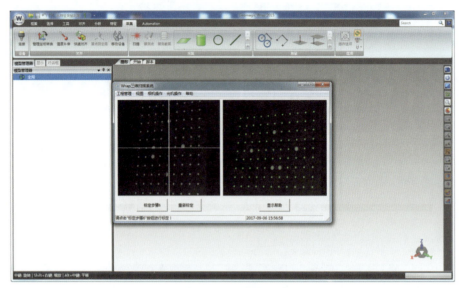

图 4.26 标定步骤 6

步骤 7 硬件系统高度不变，将标定板沿同一方向旋转 90°，垫起与相机异侧的一边，角度约为 30°，让标定板正对相机，完成第 7 步，如图 4.27 所示。

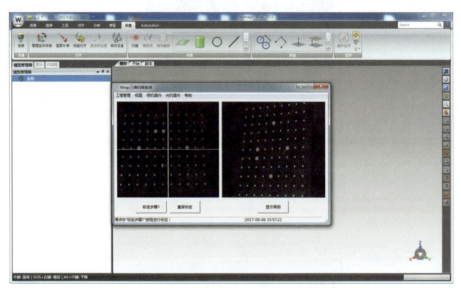

图 4.27 标定步骤 7

步骤 8 硬件系统高度不变，垫起角度不变，将标定板沿同一方向旋转 90°，完成第 8 步，如图 4.28 所示。

步骤 9 硬件系统高度不变，垫起角度不变，将标定板沿同一方向旋转 90°，完成第 9 步，如图 4.29 所示。

步骤 10 硬件系统高度不变，垫起角度不变，将标定板沿同一方向旋转 90°，完成第 10 步，如图 4.30 所示。

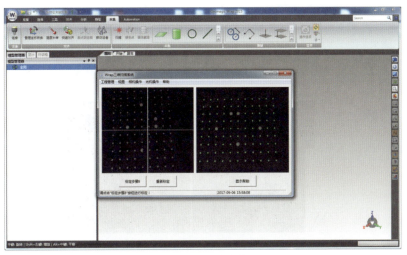

图 4.28　标定步骤 8

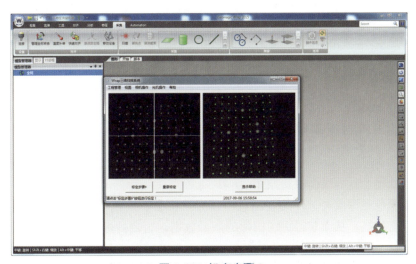

图 4.29　标定步骤 9

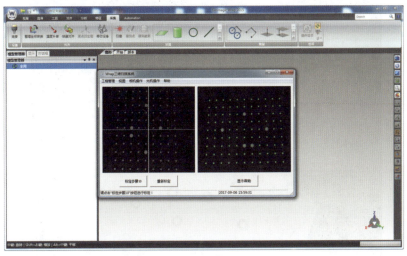

图 4.30　标定步骤 10

(4) 标定结果。

在上述 10 步全部完成后，在标定信息显示区给出标定的计算结果。

若标定不成功，则会提示“标定误差较大，请重新标定”。

标定成功后如图 4.31 和图 4.32 所示。

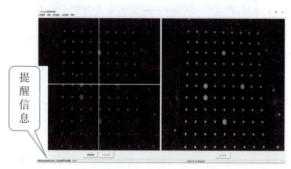

图 4.31　标定结果

计算标定参数执行完毕！标定结果平均误差：0.018

图 4.32　标定计算结果显示

三、零件外形的三维数据采集

1. 扫描前处理

(1) 三维扫描预处理——外表面喷粉操作。

如果工件的表面颜色过深或者工件的表面透明反光，将会影响正常的扫描效果，所以我们采用喷涂一层显像剂的方式进行扫描，从而获得更加精确的点云数据，为之后的 CAD 实体建模打好基础。常见的显像剂如图 4.33 所示。

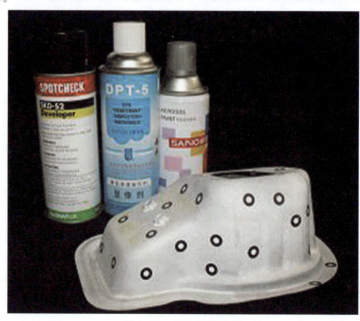

图 4.33　常见的显像剂

1) 操作流程

具体操作流程（以 DP5-5 为例）如下。

①摇均匀显像剂。

②喷显像剂时，距离 15～20cm 长按喷嘴匀速划过工件表面，来回喷涂直至覆盖整个工件（喷涂过程尽量不触碰工件，以免影响喷涂效果）。

③喷涂完成后，显像剂应均匀覆盖工件，使表面平滑。

2) 注意事项

①推荐白色显像剂，即时性喷雾剂，扫描后可自动挥发，对工件表面无着色污染。

②使用前摇均，避免粉末颗粒状堆积影响扫描精度。

③喷涂距离不宜过近，喷涂尽量均匀，不要喷得太多或显像剂喷涂缺漏，带来表面处理误差。

④对于贵重工件，最好先试喷一小块，确保不会对表面造成破坏。

⑤不可对人体进行喷涂，一般可直接扫描皮肤，若确有需要，可适量涂粉底。

（2）三维扫描预处理——粘贴标志点。

因要求为扫描整体点云，所以需要粘贴标志点，以进行拼接扫描。

注意事项：

1) 标志点尽量粘贴在平面区域或者曲率较小的曲面，且距离工件边界较远一些。

2) 标志点不要粘贴在一条直线上，且不要对称粘贴。

3) 公共标志点至少为 3 个，但因扫描角度等原因，一般以 5～7 个为宜；标志点应使相机在尽可能多的角度同时看到。

4) 粘贴标志点要保证扫描策略的顺利实施，根据工件的长、宽、高合理分布粘贴。

如图 4.34 所示为两种不同零件标志点的粘贴，这两个零件的粘贴都较为合理，当然还有其他粘贴方式。

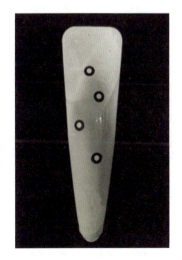
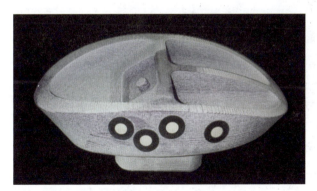

图 4.34　粘贴标志点后的零件

（3）制定三维扫描策略。

观察相关模型，如果整体结构是一个规则的标准且对称的模型，为了让扫描过程更方便、更快捷，我们通常选用辅助工具（转盘）对其进行拼接扫描（辅助扫描能够节省扫描时间，同时可以减少贴在表面的标志点数量）。

2. 三维扫描操作

下面以常见的家用花洒为例，进行零件的三维扫描操作，以获取相应的三维数据文件。

步骤 1 新建工程，给工程命名为 huasa，将花洒零件放置在转盘上，确定转盘和花洒零件在十字中间，尝试旋转转盘一周，在软件最右侧实时显示区域检查，以保证能够扫描到整体。观察软件右侧实时显示区域处花洒零件的亮度，通过在软件中设置相机曝光值来调整亮度。检查扫描仪到被扫描物体的距离，可以依据软件右侧实时显示区域的白色十字与黑色十字重合确定此距离，当重合时的距离约为 600mm，600mm 的高度点云提取质量最好。如图 4.35 所示，所有参数调整好即可单击"开始扫描"按钮，开始第一步扫描（为了更方便地固定模型，可以使用橡皮泥将模型固定在转盘上）。

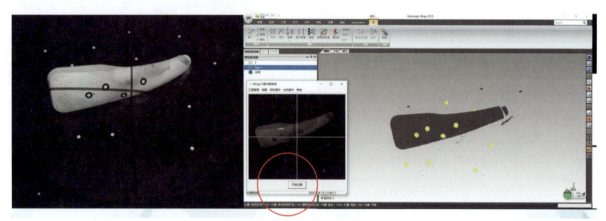

图 4.35 扫描步骤 1

注意：由于需要借助标志点进行拼合扫描，所以在第一次扫描时先使扫描仪识别到机械零件模型上公共的标志点，以方便之后的翻面拼合。若不容易识别模型上公共的标志点，可以借助垫块垫起转盘相机一侧，使扫描仪更容易识别。

步骤 2 将转盘转动一定角度，必须保证与上一步扫描有公共重合部分，这里说的重合指标志点重合，即上一步和该步能够看到至少三个相同的标志点（该单目设备为三点拼接，但是建议使用四点拼接），如图 4.36 所示。

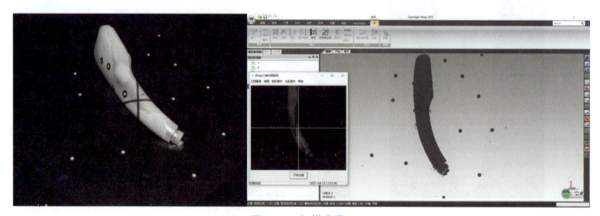

图 4.36 扫描步骤 2

步骤 3 步骤 3 同步骤 2 类似，向同一方向继续旋转一定角度扫描，如图 4.37 所示。
步骤 4 步骤 4 同步骤 3 类似，向同一方向继续旋转一定角度扫描，如图 4.38 所示。

通过这四步的扫描，可以在 Wrap 软件界面查看对应的点云，操作鼠标查看机械零件模型是否扫描完整。经过几次扫描已经基本可以将机械零件模型的上表面扫描完整，若未完整，则调整扫描角度继续扫描，直至得到上表面的完整点云。

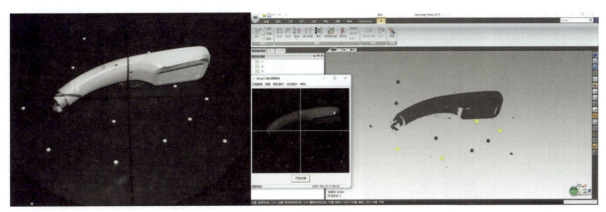

图 4.37　扫描步骤 3

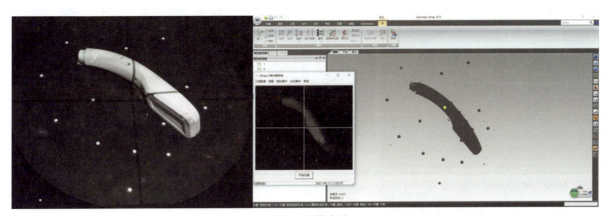

图 4.38　扫描步骤 4

步骤 5　前面四步已经把花洒的上表面数据扫描完成，接着将花洒从转盘上取下，翻转转盘再粘贴标志点，同时也将花洒进行翻转，扫描下表面，通过之前手动粘贴的标志点来完成拼接过程。翻过来后如果不易放置，可以继续使用橡皮泥固定模型，如图 4.39 所示。

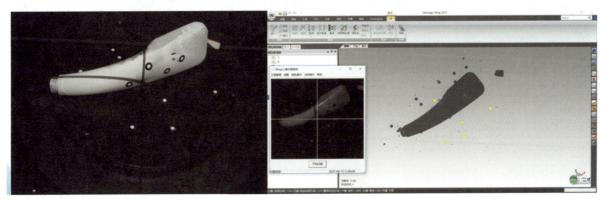

图 4.39　扫描步骤 5

步骤 6　步骤 6 同步骤 2 类似，目的都是将花洒的表面数据扫描完整，从而获得完整的点云数据。此时一定要通过鼠标操作，在 Wrap 软件界面查看对应的点云，并查看该机械零件模型是否扫描完整，如有缺失可继续采集缺失的点云，直至得到完整点云，如图 4.40 所示。

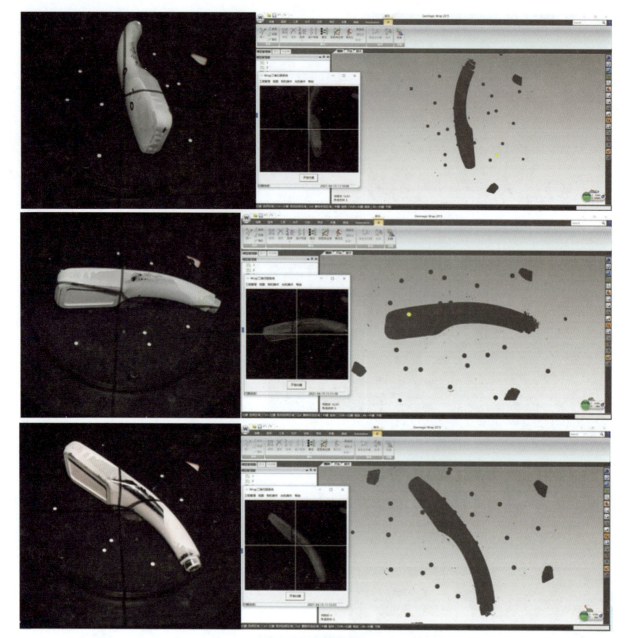

图 4.40 扫描步骤 6

将点云数据扫描完整后，在模型管理器中选择要保存的点云数据，单击"点"→"联合点对象"按钮 ，将多组数据合并为一组数据。单击"保存"按钮，在弹出的对话框中单击"保存"按钮，将数据保存在指定的目录下（保存的格式为.asc）。

在这里保存的文件名为 huasa.asc，后续使用 Geomagic Wrap 点云处理软件进行点云数据的处理。

注意：

（1）保存.asc 数据文件之前，确保单位为毫米（mm）。

（2）扫描步骤的多少根据扫描经验及扫描时物体摆放的角度而定。如果操作者的经验丰富或摆放合适，能够减少扫描步骤，即减少扫描数据的大小。

（3）在扫描完整的原则下，尽量减少不必要的扫描步骤，减少累积误差的产生。

4.3　扫描三维数据的处理与优化

知识链接

　　扫描后的三维点云数据，需要经过相关的处理与优化，才能用于后续的逆向建模。对点云数据的处理是整个逆向建模过程的第一步，点云数据的处理结果会直接影响后续建模的质量。在数据采集中，随机（环境因素等）或人为（工作人员经验等）因素的影响，会引起数据误差，使点云数据包含杂点，造成被测零件模型重构曲面不理想，从光顺性和精度等方面影响建模质量，因此需要在三维模型重建前进行杂点消除。为了提高扫描精度，扫描的点云数据量可能会很大，且其中会包括大量的冗余数据，所以应对数据进行采样精简处理。为了得到表面光顺的模型，还应对点云数据进行平滑处理。如果模型比较复杂且数据量大，一次扫描不能全部扫到，就需要从多角度进行扫描，再对数据进行拼接结合处理，以得到完整的点云模型数据。

　　STL（Stereolithography）文件格式是三维图形文件格式，即用三角形面片表示三维实体模型，已经成为 CAD/CAM 系统接口文件格式的工业标准，目前常用于各种增材制造和部分 CAM 系统，也是零件逆向设计的数据模型。通过对劣质面片的处理，去除孤立、交错或者法向相反的面片，可以保证面片数据的质量。通过补洞、平滑、缩减数量等操作在缩小面片文件数据量的同时提高面片质量，为后期逆向建模工作提供便利。具体的处理过程一般由点云处理、多边形面片处理和数据保存三个阶段组成。

学习实践

一、点云处理

点云处理是去掉扫描过程中产生的杂点、噪声点，然后将点云文件三角面片化（封装）的过程。

1. 软件界面

具体的 Wrap 软件界面及基本操作介绍如图 4.41 所示。

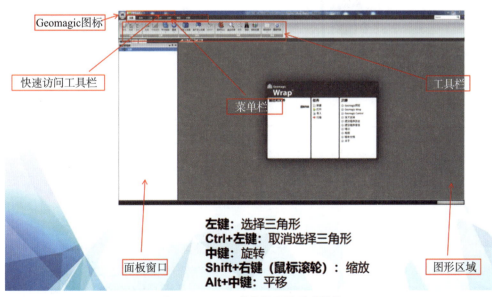

　　左键：选择三角形
　　Ctrl+左键：取消选择三角形
　　中键：旋转
　　Shift+右键（鼠标滚轮）：缩放
　　Alt+中键：平移

图 4.41　Wrap 软件界面及基本操作

2. 点云处理阶段主要操作命令

（1）着色点 ▦：为了更加清晰、方便地观察点云的形状，对点云进行着色。

（2）选择非连接项 ▦：指同一物体上具有一定数量的点形成点群，并且彼此间分离。

（3）选择体外弧点 ▦：选择与其他绝大多数的点云具有一定距离的点。敏感度：低数值选择远距离点，高数值选择的范围接近真实数据。

（4）减少噪声 ▦：扫描数据存在系统差和随机误差，其中有一些扫描点的误差比较大，超出允许的范围，这就是噪声点。

（5）封装 ▦：封装是对点云进行三角面片化。

3. 点云处理步骤

步骤 1 打开扫描保存的 huasa.asc 文件。

起动 Geomagic Wrap 软件，选择"文件"→"打开"命令或单击工具栏上的"打开"按钮，系统弹出"打开文件"对话框，查找数据文件并选中 huasa.asc 文件，然后单击"打开"按钮，在工作区显示载体，如图 4.42 所示。

步骤 2 将点云着色。

为了更加清晰、方便地观察点云的形状，我们一般需要将原始黑色的点云进行着色。选择"点"→"着色点"命令 ▦，着色后的视图如图 4.43 所示。

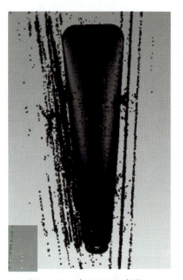

图 4.42　点云处理步骤 1

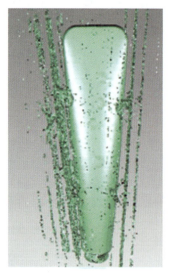

图 4.43　点云处理步骤 2

步骤 3 设置旋转中心。

为了更加方便地观察点云的放大、缩小或旋转，为其设置旋转中心。在操作区域右击，在弹出的快捷菜单中选择"设置旋转中心"命令，在点云的合适位置单击。

选择工具栏中的"套索选择工具" ▣，勾画出模型的外轮廓，点云数据呈现红色。右击，在弹出的快捷菜单中选择"反转选区"命令，选择"点"→"删除"命令或按 Delete 键，如图 4.44 所示。

步骤 4 选择非连接项。

选择"点"→"选择"→"非连接项"命令 ▦，在管理器面板中弹出"选择非连接项"对话框。

在"分隔"下拉列表中选择"低"分隔方式，这样系统会选择在拐角处离主点云很近但不属于其一部分的点。"尺寸"保持默认值 5.0，单击上方的"确定"按钮。点云中的非连接项被选中，并呈现红色，

图 4.44　点云处理步骤 3

如图 4.45 所示。选择"点"→"删除"命令或按 Delete 键。

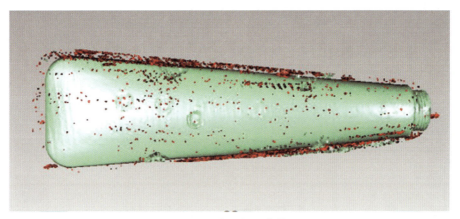

图 4.45　点云处理步骤 4

步骤 5　去除体外孤点。

选择"点"→"选择"→"体外孤点"命令 ，在管理器面板中弹出"选择体外孤点"对话框，设置"敏感度"的值为 100，也可以通过单击右侧的两个三角号增大或减小"敏感性"的值，单击"确定"按钮。此时体外孤点被选中，呈现红色，如图 4.46 所示。选择"点"→"删除"命令或按 Delete 键来删除选中的点（此命令操作 2～3 次为宜）。

图 4.46　点云处理步骤 5

步骤 6　删除非连接点云。

选择工具栏中的"套索选择工具" ，配合工具栏中的按钮一起使用，手动将非连接点云删除，如图 4.47 所示。

图 4.47　点云处理步骤 6

步骤 7　减少噪声。

选择"点"→"减少噪声"命令 ，在管理器面板中弹出"减少噪声"对话框。选择"自由曲面形状"单选按钮，将"平滑度水平"滑块滑到"无"，"迭代"为 5，"偏差限制"为 0.05mm，如图 4.48所示。

图 4.48　点云处理步骤 7

步骤 8　封装数据。

选择"点"→"封装"命令 ，系统会弹出如图 4.49 所示的"封装"对话框，该对话框将围绕点云进行封装计算，使点云数据转换为多边形模型。

采样：对点云进行采样。通过设置"点间距"来进行采样。目标三角形的数量可以进行人为设定，目标三角形数量设置得越大，封装之后的多边形网格则越紧密。最下方的滑块可以调节采样质量的高低，可根据点云数据的实际特性，进行适当的设置。

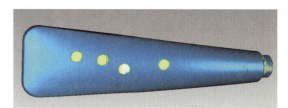

图 4.49　点云处理步骤 8

二、多边形面片处理

1. 面片处理阶段的主要操作命令

（1）删除钉状物 🖌：“平滑级别”处在中间位置，使点云表面趋于光滑。

（2）填充孔 🖌：修补因为点云缺失而造成的漏洞，可根据曲率趋势补好漏洞。

（3）去除特征 🖌：先选择有特征的位置，应用该命令可以去除特征，并将该区域与其他部位形成光滑的连续状态。

（4）减少噪声 🖌：将点移至正确的统计位置以弥补噪声（如扫描仪误差）。噪声会使锐边变钝或使平滑曲线变粗糙。

（5）网格医生 🖌：集成了删除钉状物、补洞、去除特征、开流形等功能，可以对简单数据进行快速处理。

2. 多边形面片处理步骤

步骤 1 删除钉状物。

选择“多边形”→“删除钉状物”命令 🖌，在模型管理器中弹出如图 4.50 所示的“删除钉状物”对话框。“平滑级别”处在中间位置，单击“应用”按钮，如图 4.50 所示。

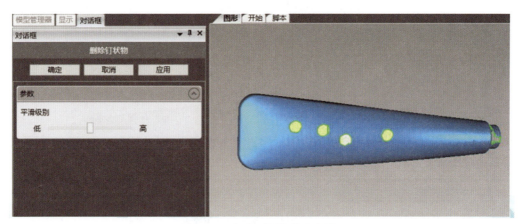

图 4.50　多边形面片处理步骤 1

步骤 2 全部填充。

选择“多边形”→“全部填充”命令，在模型管理器中弹出如图 4.51（a）所示的“全部填充”对话框，可以根据孔的类型搭配选择不同的方法进行填充，如图 4.51（b）所示为三种不同的选择方法。

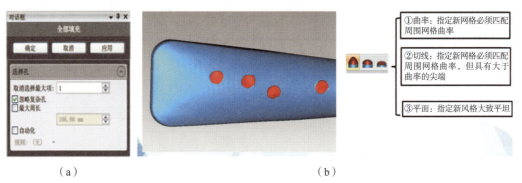

（a）　　　　　　　　　　　　　　　（b）

图 4.51　多边形面片处理步骤 2

步骤 3 去除特征。

该命令用于删除模型中不规则的三角形区域，并且插入一个更有秩序且与周边三角形连接更好的多边形网格。但必须先用手动选择方式选取需要去除特征的区域，然后执行"多边形"→"去除特征"命令，如图 4.52 所示。

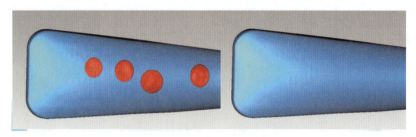

图 4.52　多边形面片处理步骤 3

步骤 4 减少噪声。

该命令用于将点移至正确的位置以弥补噪声，弥补时会使锐角变钝，看上去更为平滑。选择"点"→"减少噪声"命令，在弹出的对话框中"迭代"设置为 5，"偏差限制"为 0.05mm 以内，如图 4.53 所示。

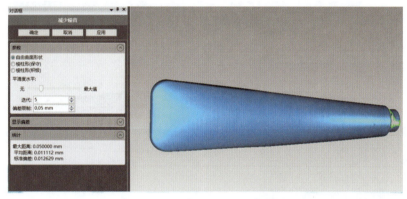

图 4.53　多边形面片处理步骤 4

步骤 5 网格医生。

该命令可以自动修复多边形网格内的缺陷，使面片效果更佳，如图 4.54 所示。

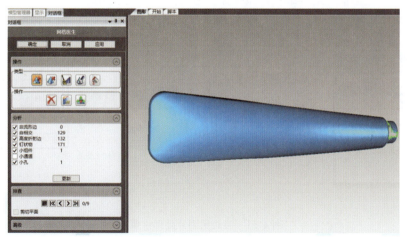

图 4.54　多边形面片处理步骤 5

三、数据保存

单击 Wrap 软件左上角的"保存"按钮，将文件保存为"零件名称.stl"，以满足后续逆向建模或模型切片需要。保存后的文件如图 4.55 所示。

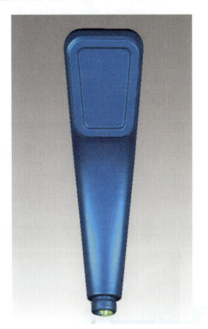 

图 4.55　保存后的文件

4.4　三维扫描在增材制造中的应用

 知识链接

如今，高精度三维扫描与增材制造技术的融合应用在不断加速，在工业制造中发挥着重要作用。高精度三维扫描可以快速进行 3D 打印件的尺寸合格性验证等，助力增材制造实现良好的终端应用，高效实现一些定制化零件的制作和小批量生产。下面介绍高精度三维扫描与增材制造相结合，在工业化应用中发挥价值的案例。

一、高精度三维扫描和选择性激光熔化技术

选择性激光熔化采用激光有选择性地分区扫描固体粉末，使其熔化、凝固，再层层叠加，生成所需形状的零件，是目前得到广泛使用的增材制造技术之一。由于其成型不受零件形状影响，所以多用于制作一些异型结构的零件。传统的一些检具和三坐标检测技术，受零件的形状影响较大，不利于测量形状复杂的零件。而高精度三维扫描采用非接触式的三维测量方式，不受零件形状影响，可以快速检测选择性激光熔化技术制作的零件。

另外，增材制造技术中的激光熔覆技术是用激光涂覆的方法将材料进行逐层堆积，最终形成具有一定外形的三维实体零件，主要用于零件修复以及一些复杂零件的直接制造。

高精度三维扫描在激光熔覆技术中主要有以下两个方面的应用。

（1）为修复提供数据支持，通过高精度三维扫描仪获取缺损特征的三维数据，进行逆向设计，规划修复方案、修复路径及工艺参数。

（2）进行全尺寸检测，激光熔覆后，通过非接触式三维扫描快速得到合格的检测结果。

例如，某一工件因长期使用出现了磨损，可通过三维扫描仪扫描完整的三维数据，与设计数据相拟合，得到缺损部分的完整数据，为后续激光熔覆修复的路径规划提供准确的数据支撑，具体的流程如图4.56所示。

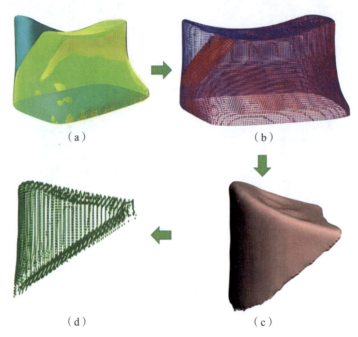

图 4.56　数据扫描与修复

具体的工件缺损部分的三维数据处理与修复如图 4.57 和图 4.58 所示。

图 4.57　工件缺陷修复前

图 4.58　工件缺陷修复后

如图 4.59 所示，工程师根据三维扫描数据，利用激光熔覆技术对叶片进行修复。修复后，再次对叶片进行三维扫描，并将三维扫描数据导入 Geomagic Control X 检测软件，以获取检测结果，如图 4.60 所示。

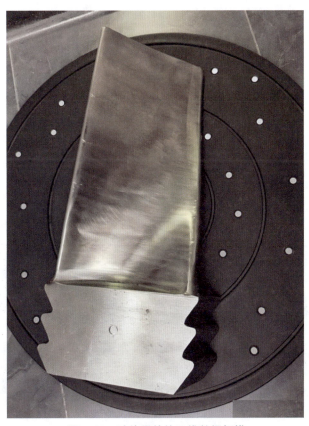

图 4.59　叶片零件的三维数据扫描

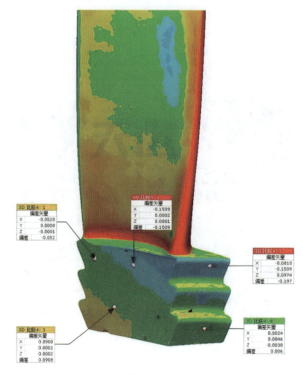

图 4.60　叶片零件的三维数据检测

二、高精度三维扫描和砂型 3D 打印

在一些铸造生产中，会通过 3D 打印提高砂型模具的制作效率。但是，3D 打印之后，如何进行模具的检测成了一道难题。高精度三维扫描可以轻松解决这一难题。通常一个长 50cm 的砂型模具，经过高精度三维扫描，然后进行数据比对，约 5min 即可得到检测结果。

对砂型模具进行尺寸检测。使用高精度三维扫描仪直接扫描砂型模具，尺寸为 50cm×30cm×20cm 的砂型模具，扫描 3min 即可获取完整的三维数据。然后将数据导入 Geomagic Control X 检测软件中，经过 2min 即可完成整个模具的全尺寸测量，具体过程如图 4.61、图 4.62 和图 4.63 所示。

图 4.61　砂型模具实物

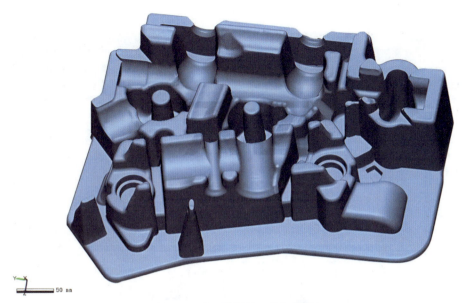

图 4.62　砂型模具的三维扫描数据

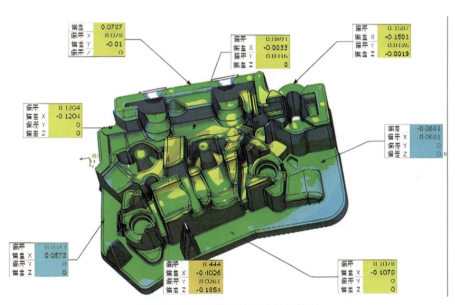

图 4.63　砂型模具的三维数据检测

三、高精度扫描数据在 3D 打印中的应用实例

在 4.3 节中，通过三维扫描和处理优化得到了花洒数据"零件名称.stl"。在增材制造中，只要数据完整，就可以利用增材制造所配套的切片软件进行切片，并通过 3D 打印机进行打印加工，再经过后期处理就可以得到所需要的实物零件。目前应用比较广泛的 3D 打印机有 FDM 3D 打印机、超高速光固化 3D 打印机以及粉末熔合激光 3D 打印机等。下面以打印速度相对比较快的 F190 超高速光固化 3D 打印机为例，对花洒数据"零件名称.stl"进行切片和打印。

1. 导入模型

以常用的布尔三维 F190 超高速光固化 3D 打印机为例，相关配套的切片软件为 CHITUBOX。首先将花洒数据文件重命名为"花洒.stl"，以方便后面的切片与加工。打开 CHITUBOX 软件，导入"花洒

.stl"文件，具体如图 4.64 所示。

图 4.64　导入模型

2. 缩放比例

使用软件的"缩放"功能，并选中"锁定比例"复选框，以进行整体统一的模型缩放，从而调整模型大小，具体如图 4.65 所示。

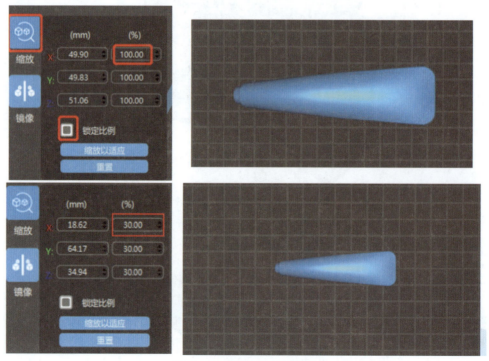

图 4.65　模型缩放比例设置

3. 镂空处理

因为布尔三维 F190 超高速光固化 3D 打印机为无刮刀下沉，可能存在实心模型横截面偏大的情况，打印时可能会出现树脂来不及流平、中间位置的树脂不能固化的情况；或者由于在较大的横截面积上单层树脂呈现的拱形高度落差大，单层固化时间较短，中间部分无法及时固化，导致模型在打印过程中出现缺陷。

使用软件的"镂空"功能：一般设置壁厚为 1.5～2mm，具体需要根据模型进行设置。另外，"填充结构"为"无"；"精度"设置为 0%。并且一定要记得选中"内"复选框，具体如图 4.66 所示。

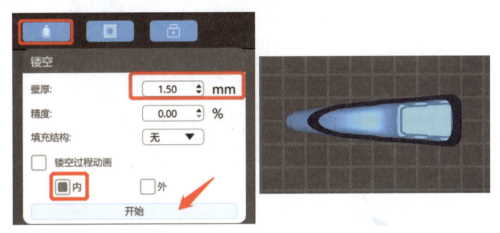

图 4.66　镂空处理设置

4. 旋转摆放

模型摆放应遵循无大面积切片的原则，否则大面积切片位置曝光打印时，会出现树脂流平不及时造成打印缺陷的情况。原则上以整体倾斜 45°为基础做变化，力求使模型整体横截面最小化。所以需要对模型重新进行摆放。

使用软件的"旋转"功能，调整模型的位置和角度，使得模型的横截面尽可能小，一般情况下模型以倾斜 45°摆放，具体如图 4.67 所示。

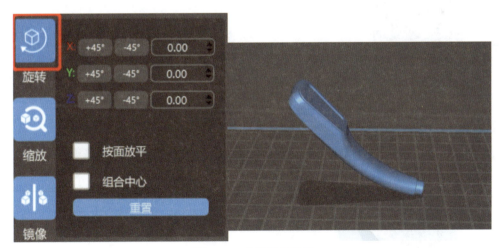

图 4.67　旋转摆放设置

5. 模型打孔

由于布尔三维 F190 超高速光固化 3D 打印机采用下沉式打印技术，需要对镂空模型打两个以上孔洞，以便后期处理时能顺利排出模型内部的光敏树脂液体。一般在模型底部的不显眼位置打孔。

使用软件的"挖洞"功能："形状"为圆形；"尺寸"为 2mm；"深度"为 5mm；选中"连续挖孔"复选框，具体如图 4.68 所示。

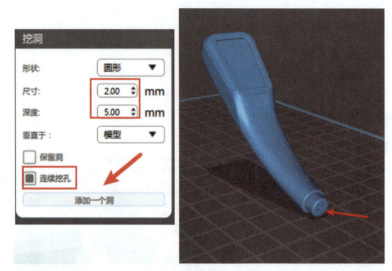

图 4.68　模型打孔设置

6. 参数设置

根据不同打印机器和模型的要求，对相关的参数进行设置，主要集中在机器的参数设置、打印的参数设置和支撑的参数设置三个方面。具体参数设置界面如图 4.69、图 4.70 和图 4.71 所示。

图 4.69　机器的参数设置

图 4.70　打印的参数设置

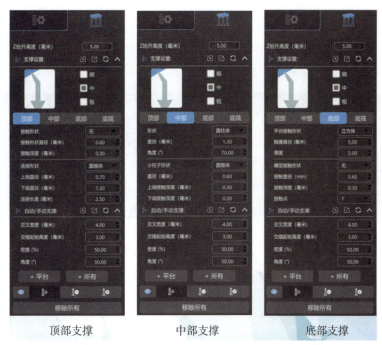

| 顶部支撑 | 中部支撑 | 底部支撑 |

图 4.71　支撑的参数设置

支撑参数设定说明：设置 Z 轴抬升 5mm，即将模型抬升 5mm；支撑有助于抗收缩应力，减少收缩变形，尤其对于薄壁模型和大横截面积模型，可以通过适当增加支撑或调整支撑的粗细等，提高打印成功率。底部支撑是成功打印的关键，底部支撑中模直径，即与打印平台接触的支撑部位的直径默认为 5mm，厚度为 2mm，这样可以保证支撑与平台粘连稳定，有助于提升打印质量及成功率。

7. 添加支撑

系统自动添加好支撑后，可以根据模型实际情况，增加或减少支撑数量。注意：在无法判断的情况下，可尽可能多添加支撑，具体的设置效果如图 4.72 所示。

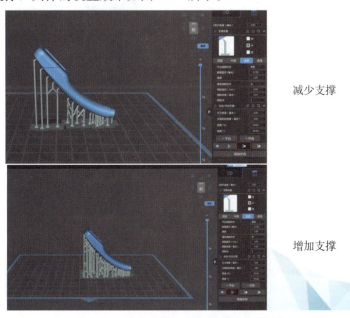

减少支撑

增加支撑

图 4.72　减少支撑和增加支撑的效果对比

8. 切片保存

进行基本设置后返回主界面。单击"切片"，切片完成后可以将数据保存为.cb 格式，并将切片数据存储到 U 盘中，用于后续的打印过程。切片软件中的预算打印时间为（曝光时间＋灯灭时间＋1）×层数。切片保存的设置界面如图 4.73 所示。

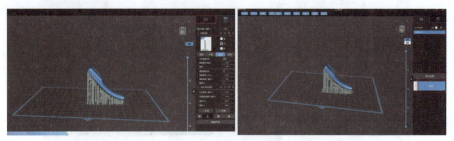

图 4.73　切片保存设置

9. 打印零件并进行后期处理

根据保存到 U 盘的切片数据，我们可以使用布尔三维 F190 超高速光固化 3D 打印机进行直接打印，打印并进行后期处理后的花洒零件如图 4.74 所示。

图 4.74　打印并进行后期处理后的花洒零件

素养园地

在探讨增材制造与三维扫描技术时，应强调实践能力与创新精神的培养。通过讲解这两项技术在工业设计、文化遗产保护等领域的应用，引导学生认识到技术与社会主义核心价值观的紧密结合。教育学生要脚踏实地、精益求精，将理论知识转化为实际操作能力。同时，要强调三维扫描与增材制造的融合对于推动我国智能制造的重要性，培养学生的国家责任感和行业自豪感。让学生在学习和实践中，树立正确的价值观，为我国科技创新和产业升级贡献自己的力量。

单元考核

考核情况评分表

学生姓名		学号		班级	
评价内容	三维扫描仪的基本原理（20分）	三维扫描仪的数据采集（30分）	扫描数据的处理与优化（30分）	三维扫描与3D打印的集成（20分）	其他
学生自评（30%）					
组内互评（30%）					
教师评价（40%）					
合计					
教师评语					
总成绩				教师签名	
日期					

单元 5

增材制造基本流程

思维导图

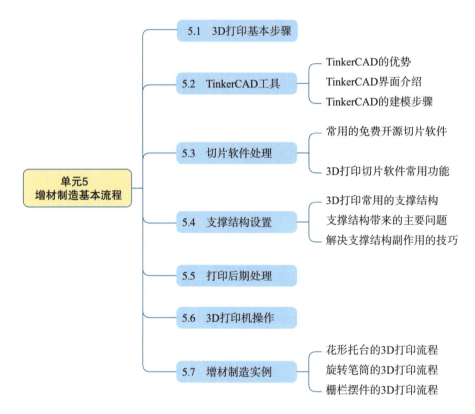

单元5
增材制造基本流程

- 5.1 3D打印基本步骤
- 5.2 TinkerCAD工具
  - TinkerCAD的优势
  - TinkerCAD界面介绍
  - TinkerCAD的建模步骤
- 5.3 切片软件处理
  - 常用的免费开源切片软件
  - 3D打印切片软件常用功能
- 5.4 支撑结构设置
  - 3D打印常用的支撑结构
  - 支撑结构带来的主要问题
  - 解决支撑结构副作用的技巧
- 5.5 打印后期处理
- 5.6 3D打印机操作
- 5.7 增材制造实例
  - 花形托台的3D打印流程
  - 旋转笔筒的3D打印流程
  - 栅栏摆件的3D打印流程

项目引入

随着科技的飞速发展，3D打印增材制造已经从专业领域逐渐进入寻常百姓家，越来越多的家庭和爱好者开始接触并尝试这项新兴的制造技术。然而，对于 3D 打印技术的新手而言，如何正确进行 3D 打印仍旧是一个不小的挑战。

　　本节将带领读者学习 3D 打印的基本流程，包括模型设计、切片处理、打印设置、实际打印、后期处理等关键步骤，并介绍一些常用的 3D 建模软件和切片软件。通过本单元的学习，读者能够掌握 3D 打印的基本知识和技能，并将其应用于实际的设计和制造中。本单元还通过三个实际案例（花形托台、旋转笔筒和栅栏摆件）的设计和打印过程，帮助读者更好地理解和应用 3D 打印技术。

学习目标

1. 掌握 3D 打印增材制造的基本流程。
2. 了解 TinkerCAD 工具和切片软件。
3. 理解支撑结构在 3D 打印中的作用。
4. 了解 3D 打印后期处理的基本方法。
5. 掌握 FDM 3D 打印机的基本操作。
6. 能够独立完成产品的设计与打印任务。

学习重点、难点

1. TinkerCAD 建模软件的使用。
2. 支撑结构的设置和优化技巧。
3. TinkerCAD 与 FDM 打印机的集成应用。

5.1 3D 打印基本步骤

知识链接

　　3D 打印过程涉及多个关键环节，包括模型设计、准备工作、切片处理、打印设置、实际打印、后期处理以及成品检验，如图 5.1 所示。要想获得高品质的 3D 打印件，就必须在每个环节上下功夫，仔细规划并认真执行。

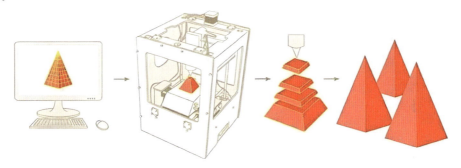

图 5.1　3D 打印的一般流程

如图 5.2 所示为 3D 打印的七个关键步骤，下面是这些步骤的简单描述。

（1）模型设计。通过设计软件（比如三维 CAD 工具）来创建产品的数字化模型，或者直接从网上下载现成的 CAD 模型。

（2）准备工作。在开始打印前仔细检查模型的格式、大小，以及修复可能存在的几何错误或壁厚问题，确保模型适合 3D 打印。

（3）切片处理。将 CAD 模型文件导入切片软件中，该软件会将模型切成很多薄层，并为每一层生成合适的打印路径。

（4）打印设置。在切片软件中，还需要设置一些打印参数，比如每层的厚度、打印速度、填充密度、支撑结构以及温度控制等，这些参数会直接影响打印的效果和打印时间。

（5）实际打印。将切片处理好的文件数据发送到 3D 打印机，然后起动打印。打印机根据之前设置好的路径及参数，用热熔塑料或其他材料一层层地堆积成型，得到一个实物模型。

（6）后期处理。打印结束后，还需要对打印件进行一些后期处理，如去除支撑结构、对表面进行打磨或喷漆、将多个部分组装在一起等。

（7）成品检验。最后一步是对打印件进行检查，查看其是否达到预期的加工质量和细节效果。如果有不足之处，还需要再进行一些优化和调整，最终得到满意的打印成品。

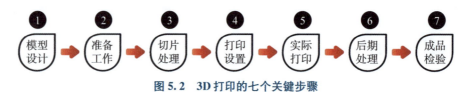

图 5.2　3D 打印的七个关键步骤

5.2　TinkerCAD 工具

知识链接

TinkerCAD 是一款基于浏览器的 3D 建模软件，可以在计算机或平板上轻松使用，如图 5.3 所示。这款软件由知名的 Autodesk 公司开发，其设计流程和界面非常人性化，并且操作简单，十分适合不同年龄和技能水平的用户使用。

图 5.3　TinkerCAD 建模设计工具

TinkerCAD 提供了许多实用的建模工具来帮助用户轻松创建各种形状，还能进行移动、旋转和缩放等操作。值得一提的是，TinkerCAD 还具有便捷的文本工具，用户可以在 3D 模型上添加各种文字，让模型更个性化。另外，TinkerCAD 支持多种文件格式的导入和导出，比如 STL 和 OBJ 格式，使其能够与其他 CAD 软件和 3D 打印机无缝对接。

正因为 TinkerCAD 操作简便，且拥有丰富的教育资源，这款 CAD 软件已经成为三维设计和建模教学的重要工具。无论是学生还是老师，都能通过这款软件轻松学习和掌握 3D 建模技巧。

一、TinkerCAD 的优势

TinkerCAD 是初学者学习 3D 增材制造的一个实用的选择，TinkerCAD 具有以下四个优势。

（1）简单易用：TinkerCAD 的设计界面直观明了，操作步骤简单易懂，用户不需要花费太多精力学习复杂的建模操作。即便是设计新手也能轻松上手，快速掌握。

（2）免费使用：TinkerCAD 提供完全免费的在线设计建模服务，不论是计算机还是平板计算机，只要能上网，就能随时随地通过浏览器免费使用这款 CAD 软件。

（3）功能丰富：虽然 TinkerCAD 是一款操作简单的在线建模软件，但其所提供的功能和工具却非常齐全，足以满足用户完成日常的三维建模需求。

（4）支持 3D 打印：TinkerCAD 能够将设计好的作品输出为 STL 等通用的 3D 打印文件格式，这样就可以轻松将设计模型适配到不同的 3D 打印机上进行打印，将创意变成实物。

二、TinkerCAD 界面介绍

TinkerCAD 的设计界面非常直观和易于操作，它将复杂的建模步骤进行了简化，让用户在创建模型时能够更加轻松快捷。如图 5.4 所示为 TinkerCAD 在线设计界面的主要工作区域与元件库。

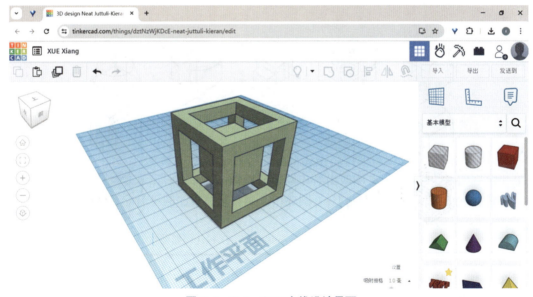

图 5.4　TinkerCAD 在线设计界面

当在线起动 TinkerCAD 后，会看到一个位于屏幕中央的工作区域，它是一个三维坐标系的正交视图。在工作区域的右侧有一个元件库，这里存放着各种基础几何形状和其他可重复使用的模型组件。可以通过简单的拖动操作，将元件库中的这些对象移动到工作区域，用于模型设计与搭建。

在 TinkerCAD 中，可以使用鼠标的不同按键来执行不同操作：中键用于对象拖动，滚轮用于缩放视图，而右键则用于对象旋转，这些按键操作可用于快速调整模型的位置、大小和方向。此外，还可以通过右键来选择、删除或复制模型元素。

在 TinkerCAD 界面的最上方有一排工具栏，这里集合了许多常用的工具按钮，包括对齐工具、分组工具、镜像工具、漫游工具、工作平面工具、标尺工具、注释工具以及导入和导出工具等。还有位于界面右上角的智能复制工具，可以提供更多的高级功能和操作选项，帮助用户应对更加复杂的建模任务。

三、TinkerCAD 的建模步骤

TinkerCAD 的建模流程简单易用，一般包括以下三个步骤，如图 5.5 所示。

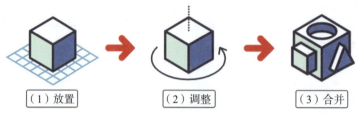

（1）放置　（2）调整　（3）合并

图 5.5　TinkerCAD 的建模步骤

（1）放置：在 TinkerCAD 中，形状是构建模型的基础。首先需要在工作平面上放置合适的形状，用户可以选择使用软件内置的预设形状，或者导入自己设计的形状。

（2）调整：自由移动或旋转工作平面中的形状，以达到想要的效果。如果需要更精确的调整，则可以使用标尺工具来输入具体尺寸。此外，还可以切换不同的视角来查看和调整形状。

（3）合并：将放置且调整好的形状块合并在一起，这样就可以创建出想要的对象模型。

通过反复运用这三个步骤，可以在 TinkerCAD 中构建出许多简单或者复杂的实体模型，如图 5.6 和图 5.7 所示。

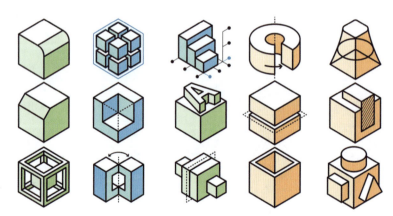

图 5.6　简单对象的基础造型（一般几何模型）

图 5.7　复杂对象的建模设计（工业产品和手办模型）

5.3　切片软件处理

3D 打印过程的关键步骤之一是切片处理。切片处理是将 3D 模型分割成许多个薄层，并且指导打印机按照特定的路径来打印零件。切片处理需要使用切片软件，该软件将 STL（或者是 3MF、OBJ 等其他文件格式）文件转换为分层结构，生成一个包含所有打印指令的 G-code 加工文件，指导 3D 打印机完成打印工作。

一、常用的免费开源切片软件

下面介绍几款常用的用于 3D 打印的免费开源切片软件。

1. Cura 切片软件

如图 5.8 所示，Cura 是一款由荷兰 3D 打印机制造商 UltiMaker 开发的开源切片软件。这款软件支持多种文件格式，包括 STL、OBJ、X3D、3MF、BMP、GIF、JPG 和 PNG 等，并且提供大量参数用于模型的 3D 打印，被认为是最实用的 FDM 3D 打印软件之一，其易操作，对新用户非常友好。除了提供强大的切片功能，Cura 还拥有一个由超过 40000 名活跃用户组成的大型社区，社区中具有丰富的电子学习资源。这些优点使 Cura 成为初学者学习 3D 打印和切片技术的理想工具软件之一。

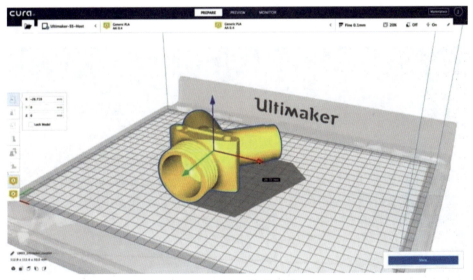

图 5.8　Cura 切片软件

2. ChituBox 切片软件

如图 5.9 所示，ChituBox 是一款专门用于树脂打印的切片软件，它通过为每一层需要固化的树脂生成一系列图像来完成切片处理，被广泛认为是用于树脂打印的实用免费 3D 打印软件之一。ChituBox 之所以受到用户的广泛欢迎，主要是因为其拥有一个非常直观的用户界面，只需简单单击四次，就能完成模型的整个切片流程。这款软件还提供了丰富的编辑工具，使用户能够轻松实现模型的旋转、缩放、镜像、修复和复制等操作。ChituBox 的适用范围也很广泛，可兼容多种 SLA（立体光固化成型）、DLP（数字光处理）和 LCD（液晶显示）3D 打印机。

图 5.9　ChituBox 切片软件

3. IdeaMaker 切片软件

IdeaMaker 是一款受到许多 3D 打印爱好者喜欢的切片软件，如图 5.10 所示。它能够自动将纹理应用到 3D 模型上，用户还可以通过切片器的设置对纹理进行更细致的调整，这一功能帮助用户节省了很多在 CAD 软件中的模型处理时间。此外，这款软件还提供了一个方便快捷的布尔建模工具，用户可以利用该工具直接在切片软件中进行雕刻、拆分和组合模型的操作，不需要重新将模型导入其他软件来完成这些操作。

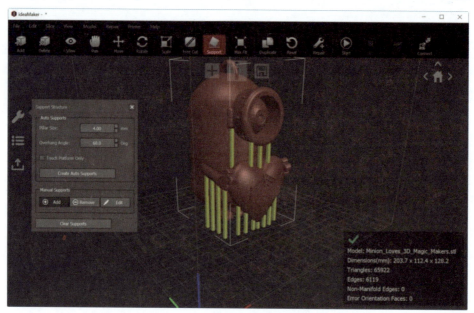

图 5.10　IdeaMaker 切片软件

4. PrusaSlicer 切片软件

如图 5.11 所示，PrusaSlicer 是一款功能丰富、操作快速、免费且开源的切片软件，它能够满足用户对高质量和定制化 3D 打印的需求。这款软件可以同时支持 FDM 和 SLA 两种不同类型 3D 打印机的切片处理，并提供多种模式，让用户根据自己的技能水平调整设置。在过去几年中，PrusaSlicer 一直在不断更新和改进，增加了很多新的功能，包括自定义支撑、多材料打印、自动更新配置文件、可变的层高设置、颜色修改、网络发送 G-code 加工代码、接缝绘制以及内部支持第三方配置文件等。

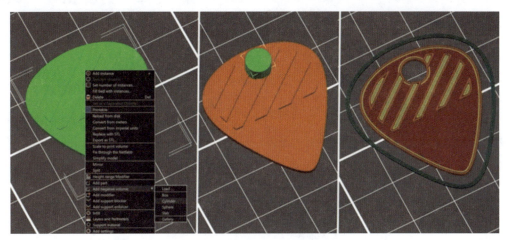

图 5.11　PrusaSlicer 切片软件

二、3D 打印切片软件常用功能

下面介绍 3D 打印切片软件中常用的五个功能。

1. 导入和修复模型

这一功能支持导入多种 3D 模型文件格式，如 STL 和 OBJ 模型文件，如图 5.12 所示。同时还提供模型修复工具，帮助用户修复或更正模型中的问题，如 CAD 模型中的裂缝或孔洞等缺陷。

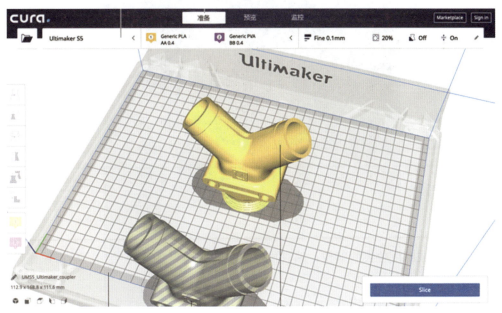

图 5.12　模型导入

2. 切片设置

切片设置功能提供必要的参数设置选项，允许用户根据自身需求来自定义打印的质量、速度和结构支撑等，如图 5.13 所示。

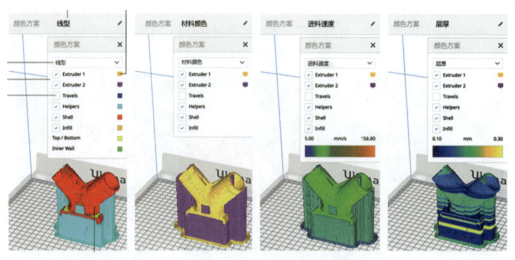

图 5.13　切片参数设置

3. 生成切片

生成切片功能将 3D 模型切割成许多张薄片，每张切片都详细记录了打印路径、速度、温度等重要参数，这些信息会被保存在一个文件中，如图 5.14 所示。

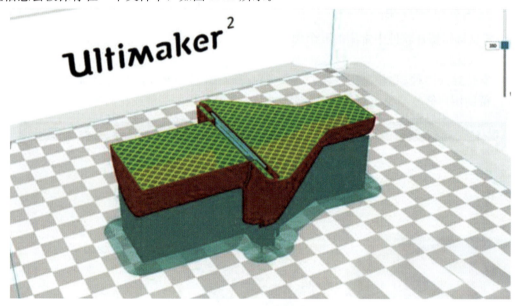

图 5.14　生成切片

4. 支撑结构生成

对于模型中的悬空或跨度较大的部位，软件能够自动创建合适的支撑结构，从而保证模型在打印过程中的稳定性，如图 5.15 所示。

5. G-code 文件导出

切片处理软件最终生成一个包含所有切片和打印参数的 G-code 加工文件。用户可将这个文件通过 U 盘或者网络传输到 3D 打印机上，执行模型对象的实际打印任务，如图 5.16 所示。G-code 文件就是一组指令集，用于让 3D 打印机理解如何执行其打印任务。

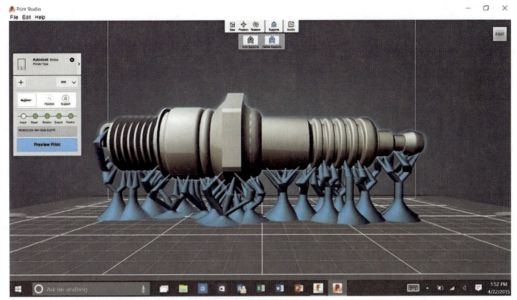

图 5.15　设置支撑结构

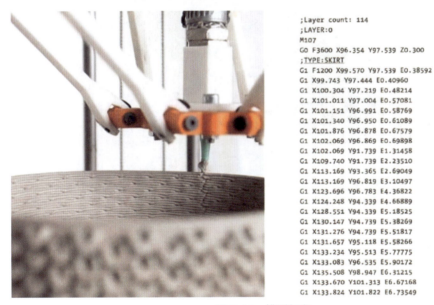

```
;Layer count: 114
;LAYER:0
M107
G0 F3600 X96.354 Y97.539 Z0.300
;TYPE:SKIRT
G1 F1200 X99.570 Y97.539 E0.38592
G1 X99.743 Y97.444 E0.40960
G1 X100.304 Y97.219 E0.48214
G1 X101.011 Y97.004 E0.57081
G1 X101.151 Y96.991 E0.58769
G1 X101.340 Y96.950 E0.61089
G1 X101.876 Y96.878 E0.67579
G1 X102.069 Y96.869 E0.69898
G1 X102.069 Y91.739 E1.31458
G1 X109.740 Y91.739 E2.23510
G1 X113.169 Y93.365 E2.69049
G1 X113.169 Y96.819 E3.10497
G1 X123.696 Y96.783 E4.36822
G1 X124.248 Y94.339 E4.66889
G1 X128.551 Y94.339 E5.18525
G1 X130.147 Y94.739 E5.38269
G1 X131.276 Y94.739 E5.51817
G1 X131.657 Y95.118 E5.58266
G1 X133.234 Y95.513 E5.77775
G1 X133.083 Y96.535 E5.90172
G1 X135.508 Y98.947 E6.31215
G1 X133.670 Y101.313 E6.67168
G1 X133.824 Y101.822 E6.73549
```

图 5.16　模型打印

5.4　支撑结构设置

　　增材制造技术开启了一个全新的制造时代。通过 3D 打印增材制造，如今能够以前所未有的速度和精度，生产制造出过去认为"无法制造"的复杂零件。但是，由于增材制造是通过逐层添加材料来实现的，

因此在打印过程中，零件需要额外的支撑来抵抗自身重力的影响。如果缺少这些支撑，悬空的增材层会无法保持稳定并发生塌陷，最终导致打印失败。为解决这一问题，在 3D 打印零件时还需要对支撑结构进行特别设计。

一、3D 打印常用的支撑结构

如图 5.17 所示，支撑结构是用于在打印过程中支撑那些悬空的零件部位的，防止它们因为无法承受自身重力而发生塌陷。需要注意的是，并非所有的 3D 打印都需要设置支撑结构。例如，常见的熔融沉积成型（FDM）和立体光固化成型（SLA）工艺在打印时通常需要设计合适的支撑结构，但在选择性激光烧结（SLS）工艺中，由于粉末床本身提供了足够的支撑，因此在进行零件结构设计时，就不需要考虑额外的支撑结构了。

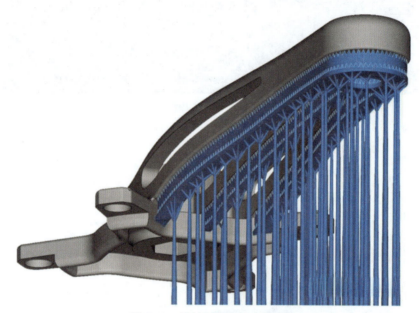

图 5.17　增材制造中的支撑结构

1. 45°原则

在熔融沉积成型工艺中，打印材料一层一层地黏附在已成型的材料层上，在打印床上构建出一个三维实体。在此过程中，新材料可能会悬空挂在之前的材料层上，形成一个有斜度的表面。如果这个斜度超过 45°，则悬挂部分通常就需要添加支撑结构。如果没有支撑，这部分悬空材料的重量可能会导致局部塌陷，最终造成打印失败。这就是 3D 打印中常说的"45°原则"，如图 5.18 所示。

图 5.18　3D 打印中的"45°原则"

可以通过字母 Y 和 T 的打印实例来更好地理解 45°原则。在字母 Y 的实例中，两个伸出部分与垂直方向形成的角度小于 45°，因此在打印字母 Y 时，这些伸出部分不需要任何 3D 打印支撑结构。这是因为这些伸出部分的斜角足够小，可以自行保持稳定，不会因为重力而塌陷。接下来看字母 T 的打印实例。它的悬空部分与垂直方向呈 90°角，因此在打印字母 T 时，这部分必须使用 3D 打印支撑结构，否则，悬空部分就会因为重力作用而倒塌，导致打印失败。

图 5.19 和图 5.20 给出了字母 Y 和 T 的打印实例。通过两者对比，可以直观地认识到支撑结构在 3D 打印中的重要性。

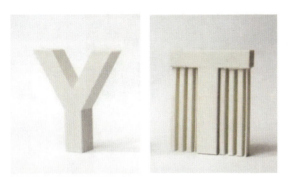
图 5.19　字母 Y 和 T 的正常打印

图 5.20　添加支撑前后的字母 T 打印

2. 5mm 原则

此外，桥梁结构通常也需要添加支撑，但并不是所有的桥梁在 3D 打印时都需要支撑。这里给出另一个经验规则：如果桥梁长度小于 5mm，打印机就可以在无须支撑的情况下完成打印任务，如图 5.21 所示。这是因为打印机采用了"悬臂跨度"的打印技术，即能够将热材料拉伸一小段距离，并以最小下垂程度来完成打印任务。

如果桥梁长度超过了 5mm，且没有设置 3D 打印支撑，则在这种情况下，没有支撑的桥梁会因为重力作用而下垂，导致打印失败。因此，对于长度超过 5mm 的桥梁结构，必须添加合适的打印支撑，以确保桥梁能够在打印过程中保持稳定，从而保证打印成功。

5mm

图 5.21　跨桥打印时的"5mm 原则"

3. 经验确定法

在准备打印带有悬垂部分的模型前，有必要先了解一下 3D 打印机打印悬垂结构的实际能力，这会受到打印机本身的状态以及所使用的打印材料的影响。如果打印机的状态不佳，它可能无法在垂直方向上以 35°或 40°的角度成功打印悬垂部分。为测试打印机的这一能力，可以先从网上下载一个标准模型进行打印。该测试模型包含了一系列不同角度的悬伸，从 20°到 70°，相邻悬伸部件之间相差 5°。通过实际打印这个测试模型，就可以找出当前打印机在不使用支撑的情况下，能够打印成功的最大悬伸角度，如图 5.22 所示。

图5.22　打印支撑时的经验法

二、支撑结构带来的主要问题

尽管支撑结构在3D打印过程中不可或缺，但它也会带来一些不利的影响，以下是其带来的五个主要问题。

1. 增加材料成本

打印模型中的支撑结构需要额外的打印材料，这不仅增加了成本，还延长了打印时间。如图5.23所示，大量的支撑结构意味着更多的材料消耗。这些支撑材料在后期处理之后通常会被丢弃，不能再次利用，造成打印材料的浪费。

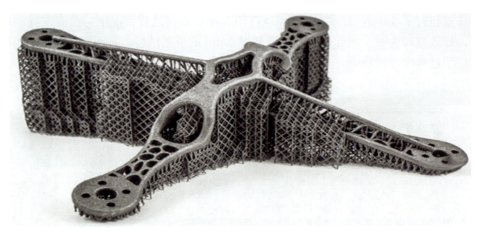

图5.23　额外的材料损耗

2. 设计上的限制

由于需要手动移除支撑，因此在设计支撑时就要考虑手或工具的操作空间。这会对复杂零件的结构设计造成限制，减少产品设计的灵活性。如图5.24所示，零件内部的这些支撑很难去除，因此在设计时就需要对零件结构进行局部调整，以便打印后可以更容易地处理掉这些支撑。

3. 额外的时间成本

无论是调整零件内部支撑结构以方便后续处理，还是优化支撑结构本身以保证打印质量，这些都需要花费额外的时间投入。尽管现在的切片软件可以自动生成支撑，但在实际操作中仍然需要花费必要的时间来手动调整，以确保支撑结构设计的最佳化。如图5.25所示，通过调整零件的摆放角度，可以优化支撑结构的设计，但这需要花费额外的时间来实现。

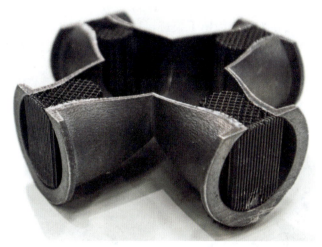

图 5.24 结构设计约束

图 5.25 手动修改调整

4. 烦琐的后处理

打印完成后必须将支撑结构去除，这个过程往往需要手工操作，这无疑大大增加了后期处理的时间。如图 5.26 所示，需要花费大量的时间用钳子去拆除这些多余的支撑。

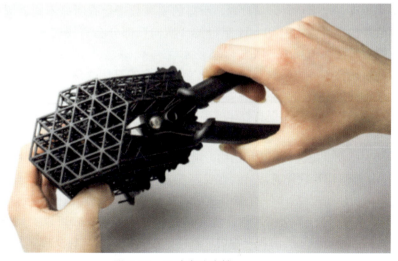

图 5.26 手动去除支撑

5. 表面质量受损

在去除支撑的过程中可能会在零件表面留下痕迹，这不仅会影响零件的外观，还可能降低其尺寸精度。如果支撑设计不当，特别是在打印非常精细的零件时，可能会导致零件在去除支撑的过程中因损坏而报废，如图 5.27 所示。

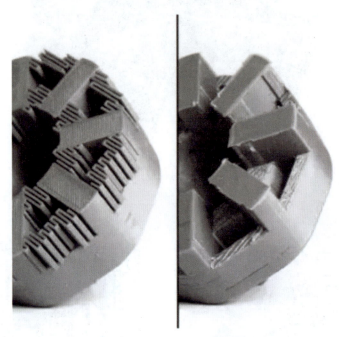

图 5.27　零件表面局部损伤

三、解决支撑结构副作用的技巧

尽可能减少支撑结构及其使用，能够有效降低材料消耗和缩短生产周期，以下四种技巧可以帮助实现这一目标。

1. 选择最佳打印方向

目前，调整零件的打印方向是减少支撑结构的一种非常有效的方法。正确选择零件的打印方向会显著影响打印时间、成本以及零件表面的光滑程度。

根据零件采用垂直、水平还是倾斜放置，所需的支撑数量会有明显不同。例如，在打印一个 H 形零件时，如果按照常规的垂直方向打印，H 字母的"横向"部分会需要较多支撑；但如果将其水平放置，此时所需要的支撑材料会大幅减少，如图 5.28 所示。

因此，可以通过调整零件的摆放方向来优化支撑结构的打印。这是因为零件上的每一面与打印床的接触方式不同，而每种接触方式对支撑的要求都不一样。通过选择最合适的零件摆放方向，就可以尽可能地减少对支撑结构的依赖，从而提高打印效率和降低成本。

2. 用较少的材料来制作支撑

在 3D 打印过程中，如果必须使用支撑结构，则应尽量用较少的材料来制作支撑，这样能够加快打印速度。

目前，许多 3D 打印切片软件通常只能生成垂直方向上的线性支撑结构，但这种支撑方式在很多情况下并不是最佳选择，尤其是当打印件有多个区域需要设置支撑时。相比之下，树状支撑结构更加合理。这种支撑外形类似一棵树，枝丫交错，与传统的垂直线性支撑相比，可以大幅减少材料使用，一般可以节省约 75% 的材料。如图 5.29 所示，一些切片软件已经具备自动优化支撑结构的功能，使得支撑设计更加合理和高效。

图 5.28　调整摆放方向

图 5.29　支撑的自动优化

3. 倒角处理

在 3D 打印中，采用倒角处理是一个很好的打印技巧。倒角是指将原本尖锐的角或边修改为倾斜带角度的形状，这样做的目的是将大于 45° 的角转变为 45° 或更小的角。通过倒角这一建模技巧可以优化支撑结构的设计，它能够将那些难以处理的悬空区域转变为小于 45° 的安全悬空，从而减少对支撑结构的使用。

图 5.30（a）中的情况需要添加额外的支撑；而图 5.30（b）中则应用了倒角技巧，使得倾斜角度不大于 45°，这样的结构设计使得打印时不需要支撑。通过使用倒角，不仅可以改善零件的结构强度，还可以简化打印流程，减少材料使用与打印时间。

4. 模型拆分优化

对于非常复杂的 3D 模型而言，将其先拆分成多个部分单独打印，然后再进行组装，可以显著减少打印过程中所需的支撑数量，节省材料并提高打印速度。但是，在打印拆分后的各个单独零件时，需要将这些零件沿着相同方向进行打印，这样才能确保它们在组装时能够精确对齐与贴合。

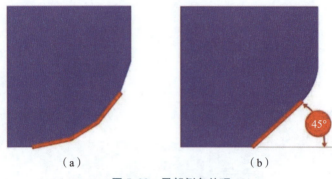

图 5.30　局部倒角处理

　　如图 5.31 所示，以建筑沙盘中的珊瑚树模型为例，该模型是放置在展厅中供游客观赏的。由于模型尺寸较大，且对细节的要求很高，如果采用整体打印，后续处理将会非常复杂和困难。因此，选择将珊瑚树模型拆分成多个部分单独打印，然后再逐一拼接在一起。这种打印方式大大降低了增材制造的工艺复杂性，对支撑结构的优化效果尤为显著。

图 5.31　模型拆分优化

5.5　打印后期处理

　知识链接

　　3D 打印后的模型通常还不能算是完整的产品，它还需要经过一系列的后期处理，才能成为合格、美观且符合使用要求的成品。后期处理是 3D 打印过程中不可或缺的重要环节，它能够让打印后的模型更加完美，达到更好的效果。常见的后期处理方法包括模型清洗、支撑去除、打磨抛光、组件黏合、喷漆、上色等。

一、模型清洗

　　在使用立体光固化成型（SLA）工艺进行 3D 打印时，由于打印过程是在液体树脂中完成的，因此在打印结束后，需要对打印后的零件进行清洗，如图 5.32（a）所示。通常采用酒精或者其他有机溶剂来彻底清洁零件，确保没有液态树脂残留，这样可以保证打印零件的清洁和后期处理的质量。而在基于粉末床的金属 3D 打印工艺中，由于打印过程是在金属粉末中进行，金属件在打印完成后也需要清理掉表面上的粉材，如图 5.32（b）所示。

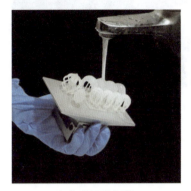

（a）光固化打印

（b）粉末床打印

图 5.32　光固化和粉末床打印后的材料清除

二、支撑去除

在多种 3D 打印工艺中，如 SLA、FDM（熔融沉积工艺）、SLM（选择性激光熔化工艺）等，打印时需要添加必要的支撑结构来保持打印件的稳定性。一旦打印完毕，这些支撑结构就不再有用，需要手动将其去除，如图 5.33 所示。一些 3D 打印机还可以实现水溶性支撑结构，在打印结束后只需要用水冲洗就能轻松去除支撑，这样大大简化了后期处理流程，提高了打印效率。

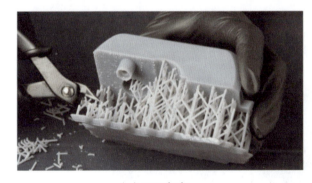

（a）FDM打印

（b）SLM打印

图 5.33　FDM 和 SLM 打印后的支撑去除

三、打磨抛光

打磨抛光是 3D 打印中最为常用的后期处理方法之一。尽管现在的 3D 打印技术已经相当先进，打印件的精细程度也越来越高，但许多打印后的零件表面仍有逐层堆积的痕迹，而且去除支撑也经常会在打印件表面留下一些印记。为提升模型表面的光洁度，打磨和抛光两个后期处理操作必不可少，如图 5.34 所示。

打磨处理一般可分为两个阶段：首先是粗磨，这一步使用雕刻刀或者 400～600 目的砂纸来去除掉支撑点和其他表面瑕疵；其次是细磨，根据产品的制作要求，这一步使用 1000～2000 目的砂纸进行精细打磨，以得到更加平滑美观的表面。

（a）打磨　　　　　　　　　　　　　　　（b）抛光

图 5.34　砂纸打磨与砂轮抛光

四、组件黏合

3D 打印件的尺寸通常受到打印机和材料的限制，如果模型尺寸超过打印机的最大打印尺寸，则需要对模型进行拆分设计，先分别打印拆分后的各个部件，打印完成后再将这些部件通过黏合的方式重新组装在一起。

在黏合的过程中，建议采用点状涂抹胶水进行黏合，这样可以更好地控制胶水用量。使用橡皮圈将部件紧紧绑定，以确保接触面之间能够紧密贴合，如图 5.35 所示。如果黏合时遇到模型之间存在间隙或者接触面过于粗糙的情况，可使用胶水或者填料来进行处理，使其表面变得平滑。

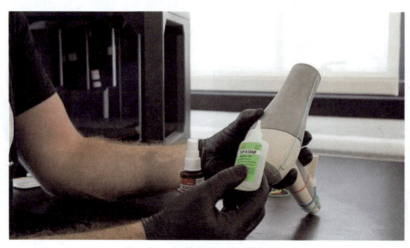

图 5.35　拆件打印后的黏合处理

五、喷漆

喷漆是目前工业级 3D 打印产品上色的主要方法之一，如图 5.36 所示。由于油漆的附着力较强，适用于多种不同材料的打印产品。在色彩和光泽度方面，喷漆处理后的效果仅次于电镀和纳米喷镀技术的效果。

当对 3D 打印后的样品进行外观喷漆处理时，可根据客户提供的色号选择以下三种不同的喷漆方式。

（1）高光漆：这种漆面具有反光效果，看起来非常光滑亮丽。

（2）哑光漆：这种漆面没有反光效果，但会有磨砂质感。

（3）光油：主要适用于透明件，可提高透明件的透明度，使其更加通透。

图 5.36　打印件的喷漆处理

六、上色

　　除彩色 FDM 3D 打印技术之外，大多数 3D 打印技术通常只能打印单一颜色的模型对象。但是彩色 FDM 打印后的模型表面会比较粗糙，而其他全彩 3D 打印机的成本则非常高昂。因此，对需要彩色成品的 3D 打印而言，在大多数情况下人们会选择在打印完成后进行上色处理，如图 5.37 所示。

图 5.37　打印件的上色处理

七、其他后期处理工艺

　　其他常见的后期处理工艺如下。

1. 镭雕工艺
　　使用激光技术去掉产品表面的油漆，让特定区域实现透光效果。这种工艺可以让手机按键、车载 DVD 按键、镜片等产品更加美观实用。

2. 电镀工艺
　　为了让产品上的某些细节更加凸显，在产品表面涂上一层银色的电镀层。在进行电镀前，产品表面必须非常光滑，不能有任何杂质或瑕疵。一般的电镀方法主要有水镀、喷镀和真空镀。

3. 氧化处理

氧化处理是一种阳极处理方法，这种处理使得铝制打印件表面形成一层氧化膜，从而提高产品的耐磨性，使其不易被刮花。

4. 喷砂工艺

在手板表面喷上一层砂粒状物质，使得手板样品看起来更加高档和精致。

5. UV 固化

在产品表面喷涂一层透明的 UV 油，再用紫外线照射使其快速干燥。这样可使产品表面更加光亮，同时形成一层保护层，提高其耐磨性。

6. 化学处理

使用丙酮蒸气进行后期处理操作。需要注意的是，ABS 材质可以用丙酮进行抛光处理，但 PLA 材质则不能用丙酮抛光，而需要使用专用的抛光油。在进行化学处理时要特别注意安全，因为丙酮有毒、易燃易爆、具有刺激性，操作时需在通风良好的环境中进行，须佩戴防毒面具等安全装备。

5.6 3D 打印机操作

知识链接

随着科技的飞速发展，3D 打印机已经从专业领域逐渐进入寻常百姓家。但对 3D 打印技术的新手来说，正确操作 3D 打印机仍旧是一个不小的挑战。接下来将通过一系列图例演示的方式，详细讲解 3D 打印机的使用步骤，如图 5.38～图 5.51 所示。

图 5.38　连接打印机主电源

图 5.39　起动打印机并自检

图 5.40　利用剪钳呈 45°剪掉线头

图 5.41　将线材手动插进铁氟龙管

图 5.42　单击操作面板并加热喷嘴

图 5.43　仔细观察打印机是否进料正常

图 5.44　插入 U 盘并导入切片模型文件

图 5.45　在文件夹中选中需打印的模型

图 5.46　确定待打印的模型及相关参数

图 5.47　复制切片后的模型文件到打印机

图 5.48　打印机加热并起动风扇

图 5.49　工作台下移并逐层打印模型

图 5.50　打印完成后取出打印底板

图 5.51　轻微弯折底板，取下打印件

5.7 增材制造实例

下面将通过三个具体实例（花形托台、旋转笔筒和栅栏摆件），详细介绍产品设计中的 FDM 增材制造流程。

一、花形托台的 3D 打印流程

花形托台的 3D 打印流程如图 5.52～图 5.61 所示。

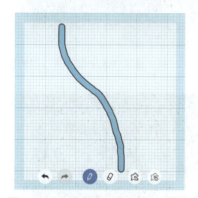

图 5.52　利用涂鸦工具绘制二维截面

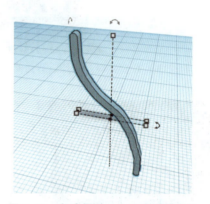

图 5.53　自动得到一个三维拉伸实体

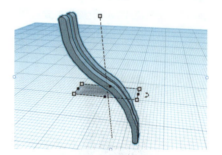

图 5.54　智能复制得到另一实体并调整

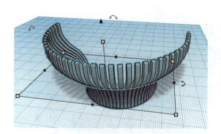

图 5.55　连续反复利用智能复制工具

图 5.56　得到花形主体的设计模型

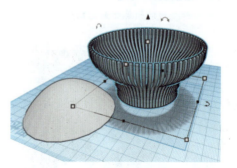

图 5.57　添加一个几何对象作为底座

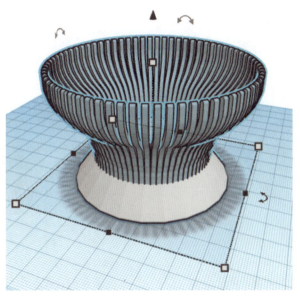

图 5.58　利用对齐工具得到最终的花形托台

图 5.59　导入三维切片软件并设置打印参数

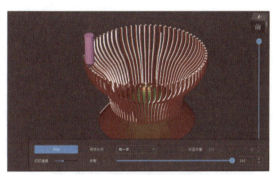

图 5.60　模型切片处理并验证分层加工路径

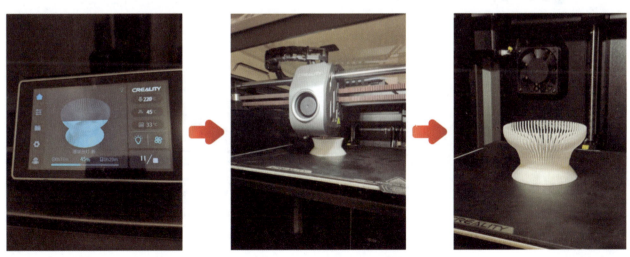

图 5.61　利用 FDM 3D 打印机完成实体模型打印

二、旋转笔筒的 3D 打印流程

旋转笔筒的 3D 打印流程如图 5.62～图 5.72 所示。

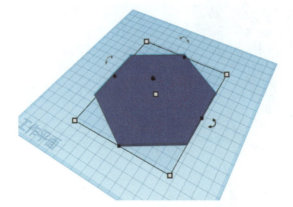

图 5.62　导入一个六边体对象并调整

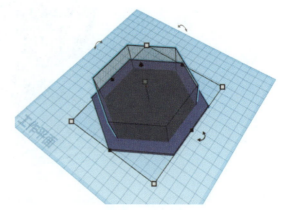

图 5.63　导入另一个虚六边体进行布尔求差

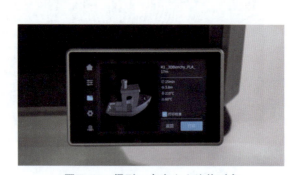

图 5.64　得到一个空心六边体对象

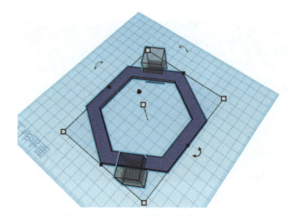

图 5.65　导入另外两个虚立方体

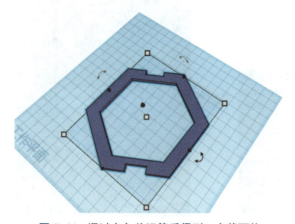

图 5.66　通过布尔差运算后得到一个截面体

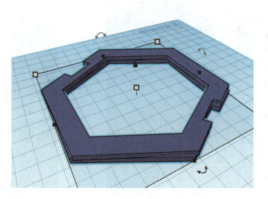

图 5.67　智能复制后得到另一个截面体并调整

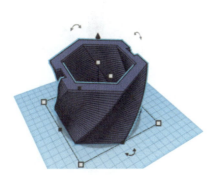

图 5.68　连续反复地应用智能复制工具　　　　　图 5.69　得到螺旋形的旋转笔筒

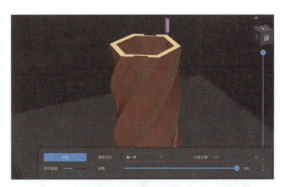

图 5.70　导入三维切片软件并设置打印参数　　　图 5.71　进行模型切片处理并验证分层加工路径

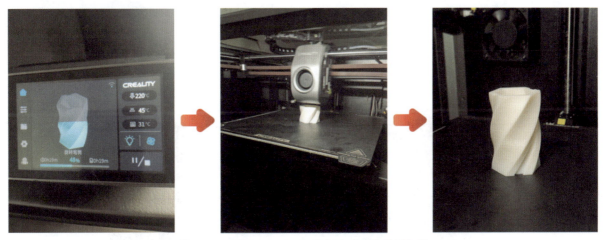

图 5.72　利用 FDM 3D 打印机完成实体模型打印

三、栅栏摆件的 3D 打印流程

栅栏摆件的 3D 打印流程如图 5.73～图 5.85 所示。

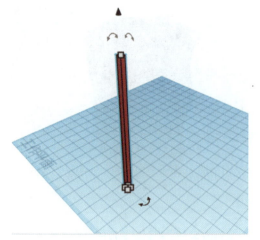

图 5.73　导入一个立方体对象并拉伸调整

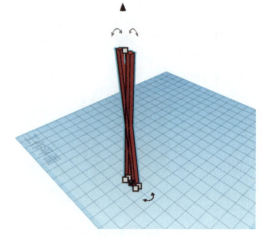

图 5.74　智能复制得到另一个实体并调整

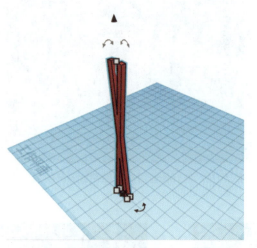

图 5.75　对两个实体进行布尔运算

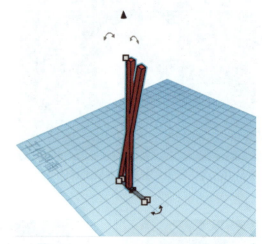

图 5.76　得到一个新实体后调整其姿态

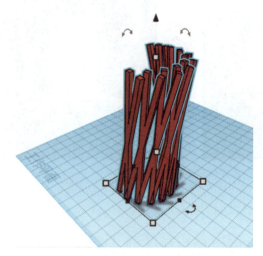

图 5.77　连续反复利用智能复制工具

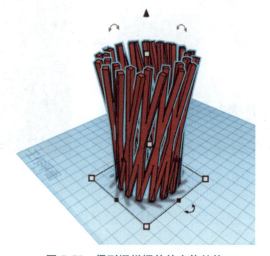

图 5.78　得到栅栏摆件的主体结构

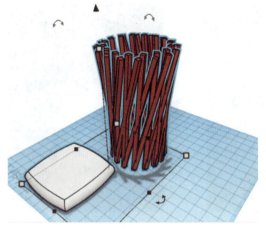

图 5.79 添加一个几何对象作为底座

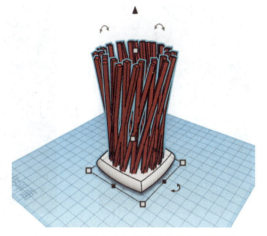

图 5.80 通过对齐得到摆件的初始模型

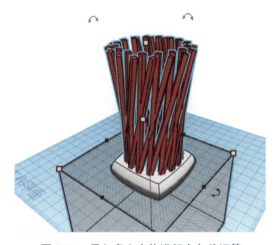

图 5.81 导入虚立方体进行布尔差运算

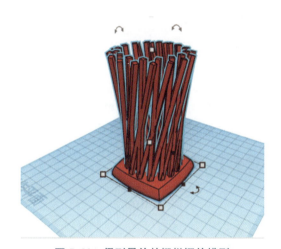

图 5.82 得到最终的栅栏摆件模型

图 5.83 导入三维切片软件并设置打印参数

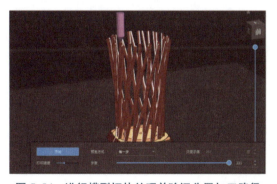

图 5.84 进行模型切片处理并验证分层加工路径

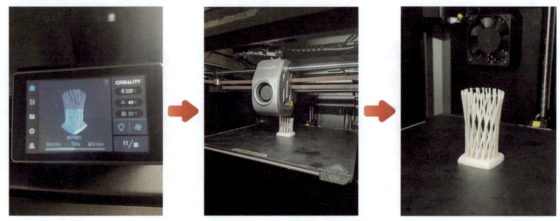

图 5.85　利用 FDM 3D 打印机完成实体模型打印

 素养园地

　　在讲解增材制造基本流程时，应强调实践操作与工匠精神的结合。通过对设计、切片、打印、后期处理等步骤的教学，引导学生体会每一个环节的严谨性和细致性。教育学生要尊重劳动成果，培养他们的耐心和责任感，让他们认识到每一道工序都是实现最终产品质量合格的关键。同时，强调团队合作的重要性，让学生在增材制造过程中学会沟通与协作，体现集体主义精神，培养学生精益求精的工匠态度，为我国制造业的创新发展贡献力量。

 单元考核

考核情况评分表

学生姓名		学号			班级	
评价内容	TinkerCAD 建模应用 （20分）	切片软件的 具体操作 （15分）	支撑结构的 设置与优化 （25分）	FDM 打印机的 具体使用 （40分）	其他	
学生自评 （30%）						
组内互评 （30%）						
教师评价 （40%）						
合计						
教师评语						
总成绩				教师签名		
日期						

单元 6

增材制造应用领域

 **思维导图**

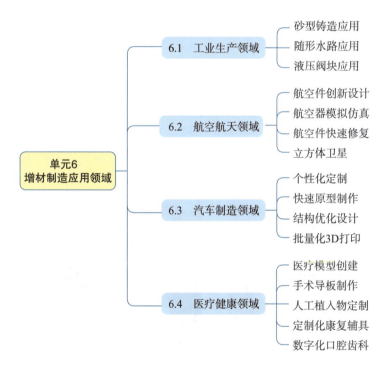

 **项目引入**

　　增材制造技术正逐渐改变着我们的日常生活和生产方式，为各个领域带来无限可能，并在许多领域都展现出巨大的应用潜力。

　　本单元将深入探讨增材制造技术在工业生产、航空航天、汽车制造和医疗健康等领域的创新应用，并通过具体案例展示增材制造技术的优势和应用前景。通过本单元内容的学习，读者能够掌握增材制造技术在各个领域的应用知识，并提高运用增材制造技术解决实际问题的能力。

学习目标

1. 探索增材制造在各个领域的创新应用，了解其对传统制造方式的颠覆性影响。
2. 分析增材制造技术在各个领域应用的优势和局限性，并思考其未来发展趋势。

学习重点、难点

增材制造技术在各个领域的创新应用案例，以及其带来的经济效益和社会价值。

6.1　工业生产领域

一、砂型铸造应用

砂型铸造是一种历史悠久的金属铸造工艺，它在多个行业中都有广泛的应用，包括风力发电、现代建筑、汽车制造、航空航天以及艺术创作等领域，如图 6.1 所示。砂型铸造目前正面临严峻挑战，如何在保证快速交货和减少材料使用的同时，生产制造出形状更加复杂、数量更多的金属零部件，这对于当前制造企业而言是一个亟待解决的重要问题。

图 6.1　工业生产中的砂型铸造

1. 传统砂型铸造模具简介

一般而言，砂型铸造模具主要由三部分构成：下半部分为底板，上半部分为顶模，底板与顶模之间的部分为砂芯，它是一个负责形成金属零件外形的空腔。

在铸造开始前，需要在模具中设计一个浇注系统，该系统的作用是引导金属液体顺利流入模具的空腔中。金属液体冷却凝固后，需要打破砂型模具并清理砂粒，取出已经冷却的铸件。根据产品设计要求，铸件有时还需要经过进一步加工处理，以保证其尺寸精度和表面光滑度。

在砂型铸造的整个过程中，模具制造和浇注系统设计是最为关键的两个环节，它们不仅加工成本最高，而且所花时间也最长，尤其是在加工复杂模具结构时。随着市场对复杂零部件需求的不断上升，复杂模型的生产已经成为影响砂型铸造成本最重要的因素之一，这使得在生产和制作备件及样品时，成本控制变得相当困难。

除了成本问题，时间是另一个重要因素。对于具有一般复杂外形的零部件而言，传统的模具制造通常需要至少 6～8 周的时间。而且，从模具制造完成到成品铸件生产，再到最终交付给客户，整个过程可能需要 10～12 周的时间，如此长的模具生产周期无法快速响应市场的需求。

2. 3D 砂型打印技术

3D 打印可以解决砂型铸造中的这些问题，使复杂铸件的生产变得更快速和经济高效。通过 3D 砂型打印技术，可以轻松制造出传统模具难以实现的复杂设计，包括非均匀分模线、优化后的浇口和浇注系统、随形排气口设计，以及局部轻量化减重。

3D 砂型打印采用一种高效的 3D 打印工艺——黏合剂喷射成型技术。该技术通过喷射液态黏合剂，将粉状原料一层层地相互黏合，构建所需要的三维实体模型，如图 6.2 所示。

图 6.2　3D 打印后的砂模和型芯

在 3D 砂型打印过程中，首先需要将 CAD 文件导入切片软件，将其转换为许多薄层，每一层分别代表模型的一个横切面，再将切片处理后生成的加工代码上传到 3D 打印设备，之后就可以开始打印砂型了。

打印开始时，成型箱的底板会被抬高到最高位置，此时铺砂器会在底板上铺设一层细腻的砂粒。一个高分辨率的打印头会根据切片后的截面数据，有选择地在砂层上喷射液体黏合剂，从而打印出模型的一个横切面。在此过程中，没有被黏合剂喷射到的位置上的砂粒仍旧是松散的。

每完成一层打印，成型箱的底板就会按照预设的层厚高度向下移动一层。然后铺砂器再次铺设新的砂层，打印头继续在新砂层上喷射黏合剂，将这一层与前一层黏合在一起。这一过程不断重复，直到整个模型打印完毕。

打印完成后，没有被黏合的砂粒会被吸尘系统清理，完成的砂型铸件就可以被取出。根据设计需要，还可以对打印完成的砂型铸件进行精加工。通过黏合剂喷射成型技术，可以快速且高效地打印大型砂模，或者是批量生产砂模和型芯。

图 6.3～图 6.7 给出了涡轮零件 3D 砂型打印的具体流程。

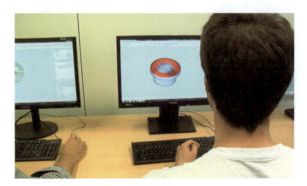

图 6.3　砂模 CAD 设计

图 6.4　3D 砂型打印

图 6.5　打印后期处理

图 6.6　浇注成型

图 6.7　最终成品

二、随形水路应用

1. 注塑模具和冷却水路

注塑模具是现代工业生产中的重要工具之一，它能够快速高效地制造出大批量形状和尺寸完全一致的塑料产品。这种模具被广泛应用于许多行业，如汽车塑料配件、医疗设备以及工业电子产品等，如图 6.8 所示。注塑模具的工作原理为将处于熔融状态的塑料，在压力和温度的作用下注入模具腔体内，然后通过冷却使其固化，从而实现零部件成型。

由注塑模具生产的塑料件具有许多优点，包括重量轻、强度高、韧性好、耐腐蚀、绝缘性好、易着色、易成型，以及低成本等。这些优点使得塑料件能够替代许多传统的金属部件，在工业生产和日常生活中得到了广泛应用，注塑模具也因此受到各行各业的高度认可和青睐。

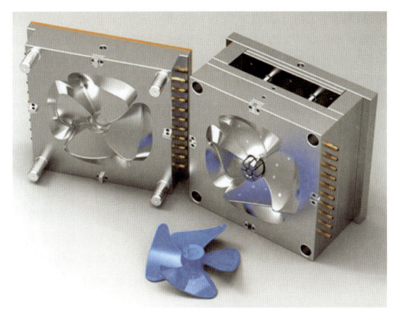

图 6.8　叶片注塑成型模具

　　冷却水路是这类模具的核心部分，它是一种通过机械加工得到的穿透性孔道。这些孔道允许水或油在其中不断循环，以此来控制模具内部的温度。这是为了更好地控制塑料产品在模具中的冷却和收缩过程，进而确保产品的尺寸精度和表面质量。

　　在传统模具制造中，冷却水路的构建通常只能通过铣床钻孔来实现，以形成一个内部冷却水路网络，如图 6.9 所示。为调整水路的流向，会在水路中安装内置止水栓和外部堵头。但是这种方法存在一定的局限性，因为水路通常是直圆柱孔，不能灵活环绕复杂的模具内腔。对于形状复杂的模具而言，传统的水路设计往往无法紧密贴合注塑件表面，从而造成冷却效率低和冷却不均匀，增加注塑成型周期并导致产品出现较大变形。

2. 随形水路打印

　　随着科技的快速发展，3D 打印技术已经逐渐成为制造业的一个重要支柱。在众多的 3D 打印应用中，随形水路打印以其独特的成型优势，正在引领着制造业的一场变革。如图 6.10 所示，3D 打印技术能够创建出更贴合模具内腔的冷却水路，从而提高冷却效率，保证产品的尺寸精度和表面质量，大幅提升注塑模具的生产效率和塑料件的质量。

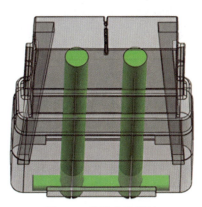

图 6.9　传统水路设计

图 6.10　随形水路设计

3D打印随形水路的制造流程如下：首先，设计师使用专业软件来设计水路的三维模型，该模型会确定水路的形状和大小，确保它们能够与模具形状完美匹配；然后，通过金属3D打印设备一层层地将模具打印成型，其内部就包括一个具有复杂网络结构的随形水路；最后，打印完成后，对成型的模具进行热处理、打磨、抛光和检测等一系列后期处理，并交付给客户。

由于SLM（选择性激光熔化）3D打印技术能够制作复杂且光滑的水路形状，并且制造成本相对较低，因此该技术被普遍用于模具中随形水路的加工制造。SLS（选择性激光烧结）与SLM在原理上非常相似，但两者之间有一个重要的不同点：SLS工艺中的金属粉末不会完全熔化，而是通过烧结来实现相互黏结，因此打印后的金属件中会有许多孔隙；而在SLM工艺中，金属粉末会被加热到完全熔化后再用于零件成型，这样就可以制造出致密无孔隙的金属部件。因此，SLM打印件在尺寸精度、力学性能和表面质量上都优于SLS打印件，使得SLM打印技术在注塑模具的金属增材制造中得到更广泛的应用。

具有高度灵活性的3D打印随形水路技术，正在逐步替代传统注塑和压铸模具生产中的冷却水路制造工艺，目前已经在汽车、航空航天、电子、医疗和包装等多个行业得到了广泛应用，为制造企业的持续发展提供了新动力。

图6.11　音箱面壳塑料件

3. 随形水路对注塑成型工艺进行优化的实例

以下是一个关于智能音箱面壳件如何利用随形水路对注塑成型工艺进行优化的实例。

如图6.11所示的智能音箱面壳件在注塑成型过程中遇到一个难题：由于采用传统的冷却水路设计，模具内部的温度分布非常不均匀，不同区域的温差甚至超过20℃。这种温度的不均匀分布导致面壳成型件在外观上出现明显的局部缺陷，比如料花和发白现象，如图6.12所示。这些缺陷不仅影响了产品的外观质量，也降低了该产品的市场竞争力。

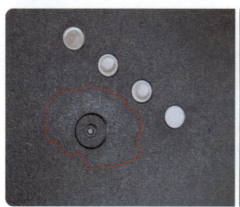

图6.12　内部温度分布不均导致的外观缺陷

引入增材制造技术后，工程师对模具的冷却水路进行改进和优化。如图6.13所示为优化前的传统冷却水路结构，而图6.14则是利用增材制造技术改进后的新型随形水路设计。这种由3D打印技术实现的随形水路，能够更迅速地带走模具在注塑成型过程中所产生的热量，这样就可以有效地避免棘手的模具局部过热问题。优化设计后的注塑模具有效减少了外观缺陷，显著提升了音箱面壳注塑件的质量，如图6.15所示。

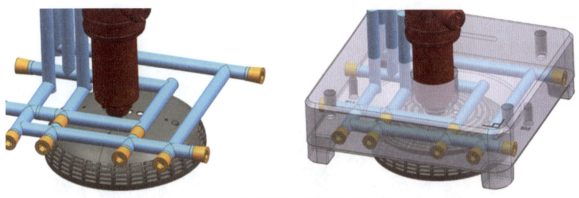

图 6.13 面壳模具内部的传统水路设计

图 6.14 改进优化后的内部随形水路设计

图 6.15 更高表面质量的面壳注塑件

三、液压阀块应用

1. 传统液压阀块存在的问题

液压系统中的关键组件之一是液压阀块，它一般采用紧凑的方形结构设计，如图 6.16 所示。阀块内部设有许多通道，这些通道被用于调节和控制汽车及大型机械或系统中的油压分布。在重型农用或工程车辆中（如挖掘机或升降机），液压阀块是控制这些设备中机械臂的核心单元。

图 6.16 液压系统中的液压阀块

如图 6.17 所示，液压阀块的内部结构相当复杂。通常情况下，即便是结构相对简单的阀块，其内部也会有 40～60 个孔。而对于更复杂的阀块而言，孔的数量甚至可以达到上百个。这些孔在阀块内部形成相互连接、错综复杂的网格结构。为方便在数控机床上进行加工，这些孔中大多数是直孔。但在某些情况下，这些孔也会被设计成斜孔，以适应不同的液压系统需求。这样的结构设计既保证了阀块自身的功能性，也确保了机械加工的便利性。

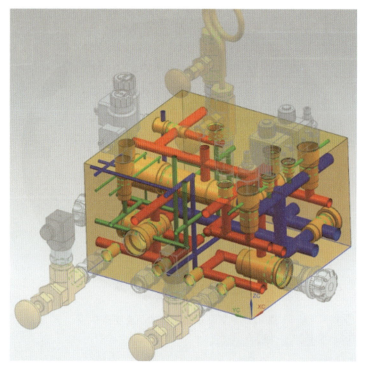

图 6.17 液压阀块的内部管路结构

在阀块的传统制造工艺中，首先是从阀块的顶部和底部钻出垂直孔，然后通过水平通道将这些孔连接起来。为防止油从这些水平通道中泄漏，还要在这些通道口处切出螺纹，用平头螺钉进行封堵。液压阀块以这种传统加工方法制造的效率非常低。

此外，钻孔和铣削加工会在孔洞边缘留下尖锐毛刺，这些毛刺在后期处理中很难被清除干净。如果这些毛刺留在阀块中，则可能会导致液压系统损坏，甚至引起系统故障。同时，阀块中的尖角连接点会使油在流动时产生湍流，降低液压系统的能量效率。污物和杂质很容易在未使用的水平通道中积聚，从而缩短液压系统的使用寿命。因此，液压阀块中的这些问题和挑战需要通过新的设计和加工方法来解决。

2. 金属 3D 打印技术

尽管液压技术的应用领域越来越多，但其加工制造方法并未发生根本性的改进，金属 3D 打印技术的出现，为液压领域的创新和进步带来新的契机。这项技术通过优化阀块、阀芯等关键部件的设计与生产过程，使得原本复杂的液压元件制造变得更简单。

3D 打印技术能够制造出传统加工方法难以实现的复杂结构，同时在不降低性能的前提下大幅减轻零件重量。与传统机械加工相比，3D 打印技术在生产小批量或特殊结构设计的液压元件方面具有明显优势。

金属 3D 打印技术目前已广泛应用于多种液压元件的增材制造。例如，采用选择性激光熔化（SLM）工艺，可以利用激光束的照射将金属粉末熔化并冷却凝固，得到符合设计要求的液压元件。

如图 6.18 所示，利用不锈钢 3D 打印技术可以加工得到一个控制单作用油缸的液压阀块。与传统阀块相比，这种 3D 打印的阀块不仅体积更小、节省空间，还可以通过优化内部流道设计来减少压力损失，提升阀块流道的通流能力。由于无须开设额外的工艺孔，大大降低了油液泄漏的风险，为液压系统的性能提升提供了有力支持。

图 6.18　不锈钢 3D 打印的液压阀块

3D 打印技术还对叠加式液压阀的设计与制造进行了改进。传统的直动式减压阀通常利用机加工来生产制造，并通过镀锌处理来增强其抗腐蚀能力。如果客户仅需要少量这样的减压阀，采用 CNC（数控机床）加工就会面临交货期过长和成本过高的难题，而借助金属 3D 打印技术可以有效解决这些问题。

金属 3D 打印后的这些减压阀块，不仅重量大幅减轻，比传统机加工零件减轻 60%，而且在强度和性能上也几乎没有损失。在相同压力情况下，减压阀块 3D 打印件和机加工件的测试结果相差无几。

图 6.19 中的减压阀块就是利用机加工得到的，该阀进行了镀锌处理以增强其抗腐蚀性。图 6.20 中的减压阀块则是利用 3D 打印技术制造的，其重量比传统阀块减轻了 60%，但在强度和性能上损失却很少。传统机加工方法也能实现阀块的减重，但这样做会大幅提高加工制造的成本。

图 6.19　基于传统机加工的阀块设计

图 6.20　基于 3D 打印的阀块轻量化设计

通过对传统阀体结构的重新设计，可以将阀块重量减轻 80％，从原本的 30kg 降低到 5.5kg，同时几乎不影响其原有的工作性能，如图 6.21 和图 6.22 所示。

总重量：30kg

总重量：5.5kg

图 6.21　液压阀块的轻量化设计

图 6.22　增减材加工后得到的液压阀块

新设计的液压阀块优化了大量不必要的材料，从而使阀块自身结构更加轻便。同时，阀块内部的孔道没有任何重叠，这样可以避免灰尘积聚。此外，还将阀块内部的尖锐边角改为平滑曲线，显著减少了液压系统中的湍流现象，进而提升了液压阀块的工作效率。

6.2　航空航天领域

航空航天领域对飞行器结构的轻量化和小型化有着极高要求，3D 打印技术则为飞行器的创新设计带来变革。传统制造方法在生产形状复杂的航空部件时，往往先将一个整体部件划分为多个零件，分别制造出来，然后再通过焊接或铆接等方式组装在一起。而 3D 打印技术则可以一次性制造出这些复杂零部件，不仅减少了原材料的浪费，还提高了生产效率，降低了生产成本。

一、航空件创新设计

利用 3D 打印技术，工程师能够设计出既复杂又轻便的飞行器，显著提升飞行器的工作性能。以 A33N 无人机发动机（如图 6.23 所示）为例，这款发动机采用了风冷式气缸，在气缸中集成了 3D 打印的点阵结构。这种新气缸结构与传统的翅片式热交换气缸相比，在热交换性能、发动机的紧凑性和轻量化方面都有了显著提升。这些改进不仅有助于延长无人机的飞行时间，还减少了后期加工处理的工作量。测试结果表明，这款 3D 打印的点阵结构气缸在散热性能上优于目前主流的翅片式热交换气缸。

图 6.23　集成了 3D 打印结构的无人机发动机

如图 6.24 所示，3D 打印的点阵结构有助于减轻气缸质量。在无人机设计中，任何一点质量的增加都会对有效载荷、飞行距离和整体性能产生严重的负面影响。如果气缸的质量减轻，那么无人机在飞行时所受到的重力就会减小，无人机就能够飞得更远且更持久，同时飞行效率也会得到提升。

涡轮叶片是航空发动机的核心部分，其性能直接决定飞机的整体表现。大多数涡轮叶片是先通过精密铸造，再进行机加工来生产制造的，有些则是通过切削和锻造工艺得到。然而这些传统加工方法在成本、材料利用率和生产效率方面都面临很多问题。

金属 3D 打印技术为涡轮叶片的生产制造带来新的创新。金属 3D 打印通过将精细的金属粉末加热熔化，然后逐层堆积，形成所需要的复杂涡轮叶片结构。如图 6.25 所示，涡轮叶片的内部结构经过创新设计后，其中复杂的通道、交错的肋条和孔洞设计都能极大提升热交换和冲击冷却的效果。可以利用多晶

图 6.24　无人机发动机内部的 3D 打印风冷气缸

镍超合金粉末进行金属 3D 打印来加工制造出涡轮叶片，这种合金材料让叶片能够抵抗高压和极端温度，以及涡轮高速旋转时所产生的旋转力。这种先进的叶片内部结构设计显著提升了冷却性能，从而提高航空发动机的整体工作效率。

图 6.25　航空发动机内部的 3D 打印涡轮叶片

　　燃料喷嘴是航空发动机的关键部分，用于将燃料准确喷射到燃烧室中。喷嘴的内部结构非常复杂，对提高发动机的工作效率至关重要。如今借助金属 3D 打印技术，可以大规模地生产结构复杂的发动机燃料喷嘴，如图 6.26 所示。

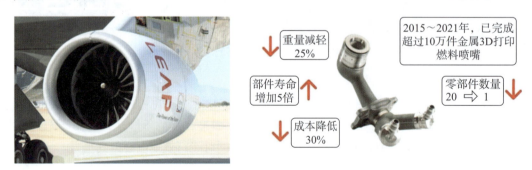

图 6.26　LEAP 发动机中的 3D 打印航空油嘴

　　以 GE 航空增材制造中心为例。从 2015 年到 2021 年，它们使用金属 3D 打印技术累计生产了超过 10 万件用于 LEAP 发动机的 3D 打印燃料喷嘴。利用传统的加工制造方法，燃料喷嘴内部需要组装超过 20 个独立零件，这些零件一般是由镍合金制成，并且需要通过钎焊工艺来一一组装（即在高温下利用金箔将零件焊接在一起）。这种工艺不仅难度大，而且成本高昂。

为了更经济高效地生产制造这些关键部件，增材制造技术将原本复杂的喷嘴结构设计为单一组件，这样就可以省去焊接步骤。更重要的是，增材制造后的喷嘴重量比传统喷嘴减轻 25%，但耐用性却是传统喷嘴的 5 倍以上。

除制造涡轮叶片和燃料喷嘴等发动机部件外，3D 打印技术还被用于设计和制造飞机机身结构件，比如外壳和翼型等复杂结构件。通过应用 3D 打印技术，机身结构将变得更轻便，从而提升飞机的燃油效率和整体性能。

以飞机机翼为例，传统机翼结构通常采用一种盒段式设计，由梁、肋、长桁和蒙皮等部分组成，这种结构能够在飞行过程中承受数百吨的重量。利用 3D 打印和拓扑优化，可以对机翼结构进行轻量化改造。在优化设计中，机翼的最外层蒙皮被视为非设计空间，不进行优化处理，而将机翼内部的全部空间作为可设计空间进行拓扑优化。通过不断去除机翼内部不必要的材料区域，最终设计出一款拓扑优化后的全尺寸机翼结构，如图 6.27 所示。与现有机翼结构相比，拓扑优化后的机翼在承载能力上基本保持不变，但其重量却减轻了 2%～5%，质量降低 200～500kg。

图 6.27 面向 3D 打印的机翼结构拓扑优化

二、航空器模拟仿真

在航空航天领域，飞行器的空气动力学性能非常重要。为评估新飞机或航天器的飞行性能，通常需要先制造一个完整的原型机进行实际飞行试验。但这个测试过程不仅耗时费力，还存在一定的安全隐患。如今利用 3D 打印技术，可以快速制作出精确的仿真模型。这些模型能在模拟的真实飞行环境下进行各项测试，大幅降低了原型制造成本和试飞阶段的风险，使得整个飞行器测试过程更加安全高效。

如图 6.28 所示，可以利用 3D 打印来制作超音速飞机模型，并将其放入风洞中进行性能测试，以此评估商业超音速航空飞行的可行性。在制作飞机模型时，较大部件采用 ABS 塑料通过 3D 打印制成，之后进行组装和一系列后期处理，如打磨、填补间隙、再次打磨、树脂涂层和涂漆等，以确保飞机模型与原始设计相一致。对于一些小型部件，如副翼、方向舵、升降舵、襟翼等，都可以通过 3D 打印快速制作与修改。

图 6.28 3D 打印的高超音速飞机模型

利用 3D 打印技术，可以大幅缩短制造原型所需的时间，可以对飞机模型的设计方案进行快速迭代和改进。与传统的 CNC 加工制造相比，3D 打印技术在成本控制上更具优势，不仅节省了时间和资源，还提高了设计的灵活性和效率。

三、航空件快速修复

在航空航天领域，重大装备的成本高昂。一旦在使用过程中遇到零部件损坏或者尺寸不合适的情况，就会导致巨大的经济损失。在这种情况下，可以采用 3D 打印技术来修复损坏的重要零部件，以便让整个受损设备快速恢复使用。

以高性能整体涡轮叶盘零件为例，如果叶盘上的一个叶片受损，则会导致整个涡轮叶盘报废，造成的直接经济损失超过百万元，且无法挽回。利用 3D 打印技术，就可以解决这一难题。

当涡轮叶盘的某个叶片受损时，可以将此受损叶片当作一种特殊基材，利用直接定向能量沉积（DED）技术，对受损部位进行局部修复，恢复叶片的原有形状，如图 6.29 所示。经过金属 3D 打印修复的叶盘零件，其性能不仅能够满足使用要求，有时甚至还会超过原始材料的性能。这种 3D 打印技术不仅能大幅减少经济损失，还能提高航空零部件的维修效率。

图 6.29　基于金属 3D 打印的涡轮叶片修复

四、立方体卫星

随着卫星技术及其应用领域的飞速发展，人们越来越希望缩短卫星的开发和研制时间。这对于执行单一任务的专用卫星以及卫星组网技术而言尤为迫切，因为这些领域急需投入少、见效快的卫星研发新技术。在这种背景下，立方体卫星技术应运而生。欧洲航天局（ESA）推出了一个 3D 打印 CubeSat 立方体卫星的创新项目，如图 6.30 所示。该项目中的小卫星采用一种特制的 PEEK 塑料作为 3D 打印的原材料，为快速、低成本地开发和部署小卫星提供了一种新的解决方案。

图 6.30　3D 打印后的立方体卫星

PEEK 是一种特殊的热塑性塑料，它在强度、稳定性和耐高温方面表现出色，熔点大约在 370℃。PEEK 非常坚固，因此它可以用来替代一些金属部件。这种用于 3D 打印的 PEEK 材料，通过与其他材料混合，可以根据需求来调整其性能，让它变得更加强韧和轻便。经过纤维强化的 PEEK 材料就成为 3D 打印立方体卫星的理想选择。

欧洲航天局已经开始这种 3D 打印微型卫星的测试，目的是将其用于商业应用。这些微型卫星内部配备了电气线路，而仪器、电路板和太阳能电池板可以直接插入使用。

这些低成本、高度小型化的立方体卫星不仅适用于太空实验，还可用于保障地面通信。虽然全球 95％的人口可以通过有线或移动网络接入宽带互联网，但在一些地区或特殊情况下，保持通信仍旧是一个不小的挑战。特别是在紧急情况（如地震或冲突）发生时，网络快速响应至关重要。对于灾区的即时通信保障而言，一个可靠、稳定的电信网络至关重要。在这种情况下，这些立方体卫星就可以发挥重要作用，提供必要的通信支持。

研究人员还采用 CubeSat 技术，通过 3D 打印设计了一颗独特的纳米卫星，如图 6.31 所示。该卫星完全利用 3D 打印技术制造，装载了一套传感器，包括监测环境的传感器、惯性测量单元、空气质量传感器以及紫外线测量传感器。所有这些传感器与一个 Arduino Nano 微型控制器相连接。利用 3D 打印技术的高效性，只需 90min 就能打印并组装好一个 CubeSat 卫星。这颗纳米卫星能够借助气球升至高空，为受灾地区快速建立宽带连接，并停留在灾区上空，与地面进行低功耗的远程无线通信，从而为救援工作提供支持。

图 6.31　用于地面通信保障的 3D 打印纳米卫星

6.3　汽车制造领域

知识链接

在工业 4.0 的推动下，3D 打印技术正逐步改变制造业的面貌。作为工业领域的重要组成部分，汽车制造业正积极探索和应用 3D 打印技术。这项新技术不仅在快速原型制造、零部件高效生产以及个性化定制等方面显示出巨大优势，而且还在不断开拓更多新的应用领域，为汽车制造业带来前所未有的发展机遇。

一、个性化定制

在汽车工业中，内饰设计一直是展示品牌特色和驾驶者个性的重要方面。随着制造技术的不断进步，汽车饰件的个性化定制开始受到市场青睐。在过去，为满足绝大多数消费者的基本需求，汽车内外饰件通常采用标准化生产制造。随着经济增长和人们生活水平的提升，越来越多的车主希望能够拥有一个独特的驾驶空间。为迎合这一市场需求，汽车制造商和专业改装企业开始纷纷推出饰件的定制化服务。3D打印技术被用来大幅缩短定制件的加工生产周期，快速制造各种形状复杂的内饰和外饰。

以宝马旗下的MINI汽车为例，其为车主提供了一项个性化饰件的定制服务，背后的关键技术就是3D打印。车主可以根据自己的喜好，为内饰面板以及外饰车灯挑选不同的图案和颜色，然后通过3D打印技术快速制造完成并安装在车辆上，如图6.32和图6.33所示。凭借3D打印技术的设计自由度和制造灵活性，宝马汽车成功实现了个性化定制的规模化生产，让每一位车主都能拥有一辆体现个人风格的时尚汽车。

图6.32　3D打印的个性化内饰面板

图6.33　3D打印的个性化外饰车灯

二、快速原型制作

在汽车配件开发过程中，手板模型扮演了非常关键的角色。首先，它能够让设计师检验设计方案是否可行。通过实际制作和测试手板模型，设计师可以确保产品的结构和功能达到预期的设计标准。手板模型还可以用来展示产品的外观效果，吸引潜在客户和投资者的兴趣。另外，手板模型还可用来进行装配和性能测试，帮助研发团队在产品开发早期就发现并解决可能存在的问题，有效减少开发过程中的风险。手板模型还有助于加强与用户的沟通，让客户更直观地了解产品，从而提升产品在市场上的竞争力。

汽车手板模型的传统制作过程相当烦琐，包括模具制造、注塑成型、组装等多个步骤。这些步骤不仅费时，而且成本高昂。3D打印的出现，使得设计图纸能够直接转化为实物模型，极大地简化了手板模型的生产制造流程，同时也节省了大量的时间和资源。

如图 6.34 所示的汽车后视镜手板模型，就是利用光敏树脂通过 3D 打印技术制作完成的。图 6.35 所示的仪表盘手板模型，则是利用 ABS 工程塑料通过 3D 打印技术制作完成的。这些手板模型将设计师的创意以实物的形式直观地展现出来，用于验证产品外观和结构是否满足要求，有效避免产品设计中经常出现的"看起来好看，做出来却不好"的新品研发问题。在新产品研发和产品外形优化的过程中，手板模型的制作是不可或缺的一步。

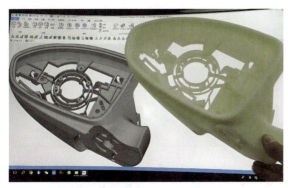

图 6.34 汽车后视镜 3D 打印手板件

图 6.35 汽车仪表盘 3D 打印手板件

三、结构优化设计

3D 打印技术能够以一种精确、高效且低成本的方式，制造出形状复杂、结构独特的汽车零部件。目前，集成优化、仿生设计、拓扑优化等先进的设计方法已经开始在汽车设计中得到应用。这些创新设计方法和 3D 打印技术相结合，生产制造出的汽车零部件不仅重量更轻，强度更高，而且耐用性也更好。3D 打印技术已经成为汽车制造技术的一个重要组成部分。

1. 发动机活塞优化

在高性能汽车发动机中，活塞需要承受来自载荷和热量的双重巨大考验。一般情况下，活塞是利用铝合金材料通过铸造或锻造的方式进行生产制造。借助金属 3D 打印技术，可以对活塞结构进行更好的优化设计。利用 3D 打印的增材制造工艺，在活塞结构设计中加入内部冷却管道，这些管道中的冷却油能够帮助降低活塞中关键区域的温度，并将活塞的整体温度降低大约 20℃。

此外，活塞内部还增加了 3D 打印的微小喷油嘴，它负责为冷却管道提供冷却油。同时还利用软件进行"仿生"设计，使得活塞的横截面与生物的肌肉、筋骨等结构非常相似，以此增强活塞自身的力学强度。

通过粉末床选区激光熔化工艺，可以对结构优化设计后的活塞进行金属 3D 打印制造。这种加工技术采用一种特殊的铝合金粉末，活塞在制造过程中被划分为 1200 层，进行逐层打印，如图 6.36 所示。完成 3D 打印的发动机活塞，比结构优化前的活塞减重 10%。这种轻量化改进使得发动机的转速提升 300r/min，功率也增加了近 30 马力，实现了更好的燃油效率和整体性能提升。

图 6.36 结构优化后的发动机活塞金属 3D 打印

2. 电驱动外壳优化

在高端汽车中，电动驱动装置（包括发动机和变速箱）的外壳设计标准非常严格。整个外壳需要承载 800V 的永磁电机，并且稳定输出高达 205kW（相当于 280 马力）的功率，同时外壳还能够容纳一个两级变速器，以便为车轮驱动提供高达 2100N·m 的扭矩动力。整个电驱动装置的外壳设计采用高度集成的方式，最终将被安装在一款跑车的前轴部件上。通过 3D 打印增材制造，可以完美地满足这些设计要求，将尽可能多的功能和零件整合进驱动器外壳中，不仅能够减轻整体重量，还能优化外壳结构，如图 6.37 所示。

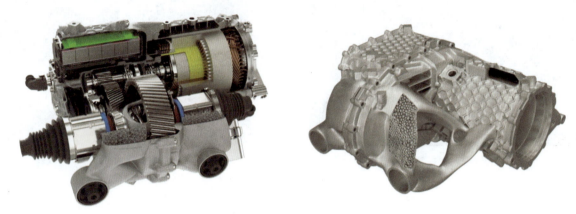

图 6.37　拓扑优化后的电驱动装置 3D 打印外壳件

电驱动外壳在轻量化设计中采用基于点阵结构的拓扑优化方法，成功实现了外壳件的减重。此外，还通过在外壳中加入冷却流道的方式，实现了功能集成。这些改进使得 3D 打印后的合金外壳件比传统的铸件要轻很多，仅外壳件的重量就可以减少大约 40%，零部件的总重量则减轻大约 10%。由于 3D 打印技术可以实现特殊的点阵结构设计，这使得驱动装置上的高应力区域的刚度提升一倍。虽然外壳件上的连续壁厚只有 1.5mm，但是由于采用点阵结构，电动机和变速箱之间的刚度提高了 100%。另外，电驱动外壳中的点阵结构也大幅减少了薄壳壁的振动，极大地改善了整个发动机罩的声学性能。如图 6.38 所示为金属 3D 打印完成后的电驱动装置外壳。

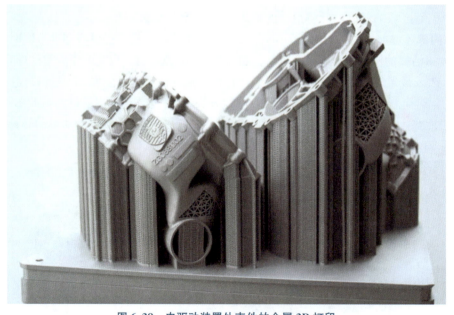

图 6.38　电驱动装置外壳件的金属 3D 打印

3. 轮胎结构优化

一般情况下，汽车平均使用寿命为 12 年，但轮胎作为汽车上的易耗品，使用一段时间后就需要更换。因为爆胎、磨损或其他问题，每年大约有 2 亿个普通充气轮胎被丢弃。利用 3D 打印技术，可以对汽车轮胎进行结构优化，得到一种新式无气轮胎。这种 3D 打印轮胎不需要利用空气压力来提供减震和缓冲功能，具有免充气、免维护、使用寿命长、节省材料、浪费少和可持续使用等优点。使用这种轮胎后，驾驶员不再需要经常检查轮胎气压，也不用担心爆胎的问题。

米其林公司在 2017 年就推出了一款 3D 打印的轮胎，如图 6.39 所示。这款无气轮胎采用了仿生设计，其设计灵感源于自然界中的蜂窝结构，采用了 3D 打印技术和高强度树脂材料。轮胎的胎面材料中还添加了玻璃纤维和复合橡胶，轮胎边缘形成围绕车轮的网状结构，这种设计可以最大程度地减少轮胎漏气和爆胎的风险，提升驾驶的安全性和车辆运行效率。

图 6.39　米其林 3D 打印无气轮胎

4. 轻量化制造

在汽车行业的绿色转型变革中，零部件轻量化是关键目标之一。轻量化不仅能减少碳排放，还能提高能源的使用效率。全世界的汽车制造商都在致力于汽车轻量化技术的研究，以此来降低能源消耗。根据相关数据，如果汽车质量能够减少 100kg，每百公里的油耗就可以降低 0.4L，可以实现更低的碳排放和更高的燃油效率。特别是在新能源汽车领域，轻量化技术直接影响车辆的续航能力和整体性能。

为了在汽车生产制造中实现轻量化，工程师不断探索新的材料和结构优化方案。传统的加工制造工艺在面对复杂形状和新型材料时常常力不从心，而 3D 打印增材制造则可以为这些难题提供很好的解决方法，为汽车轻量化制造提供新的有力工具。

在实现汽车轻量化的过程中，还需要保证零部件具备足够的强度、耐久性和安全性。汽车的轻量化设计不只局限于使用轻质材料，如碳纤维、铝合金和镁合金等，还包括利用先进的分析工具和设计方法来改进零部件的形状及其内部结构。通过这些优化改进，不仅能有效减轻汽车的整体重量，还能确保零部件的结构刚性和安全性满足设计要求。

铝合金是一种轻质且高强度的金属材料，在汽车制造业中有着举足轻重的地位，是目前应用最广、最为常见的轻量化材料之一。根据相关研究，整车中的铝合金使用量如果达到 540kg，就可以使汽车的整体重量减轻 40%。奥迪、丰田等品牌的全铝车身就是应用这种材料的典型案例。近年来，随着 3D 打印技术在铝合金增材制造方面的显著发展，汽车制造业正经历着一场革命性的变革。

西门子公司通过对赛车油门踏板的拓扑优化和材料优化，成功实现了汽车零部件的轻量化制造，如图 6.40 所示。首先，使用拓扑优化工具，将多个独立零件整合为一个整体。这样可以摆脱传统钣金和焊接工艺的限制，简化这些独立零件先分别制造、再进行焊接的传统工艺过程，不仅减少了装配环节的人工成本，还降低了产品的结构复杂性。然后，将传统的钢材替换为轻质的铝合金材料，在保证零部件力学性能和整车需求的前提下，有效减轻其重量。在汽车油门踏板的加工过程中，采用铝合金

AlSi$_{10}$Mg 粉末，通过逐层堆积的增材加工方式打印成型。金属 3D 打印后的踏板只有 164g，总质量比之前少了 62%。

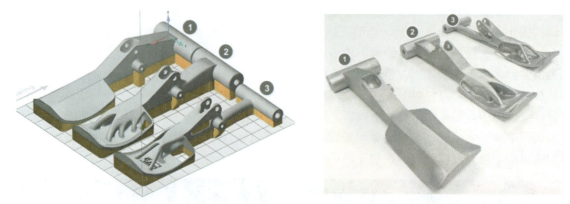

图 6.40　拓扑优化后的西门子赛车油门踏板及其金属打印件

　　3D 打印技术与创成式设计方法相结合，也被用于汽车零部件的轻量化制造。创成式设计是一种将计算机辅助设计（CAD）、计算机辅助工程（CAE）和优化技术（OPT）融为一体的产品设计方法。设计师先使用 CAD 工具来完成产品的初步建模，再通过优化方法对模型进行反复改进。改进后的模型在 CAD 中重新构建，并使用 CAE 工具进行仿真验证。最后，通过比较和选择得到最佳的产品设计方案。

　　创成式设计能够模仿自然结构的发展方式，帮助设计师优化零件的强度重量比，创造出既坚固又节约材料的复杂结构。增材制造技术则能够将这种复杂的零件设计转化为现实对象。这两种技术的结合正在改变传统的产品设计和制造模式。

　　丰田汽车公司结合创成式设计和 3D 打印技术，生产制造出一种新型的发动机气缸盖，如图 6.41 所示，先通过创成式设计方法对气缸盖进行结构优化，利用内部晶格结构增加更多的曲面域，提高其冷却效率；再使用选择性激光熔化（SLM）工艺进行金属 3D 打印，得到一款轻量化气缸盖。这种创新设计显著提高了气缸盖的表面散热面积，同时有效减少其振动和重量，使气缸盖的质量从 5095g 减轻至 1755g，体积也从 1887cm³ 减小到 650cm³，同时气缸盖的表面积却从 823cm² 增加到 6052cm²，大幅提升了赛车发动机的性能。

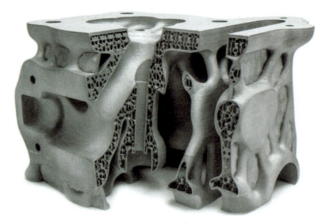

图 6.41　创成式优化设计的发动机气缸盖

四、批量化 3D 打印

　　虽然 3D 打印技术在汽车制造领域，尤其是高性能赛车制造中取得了显著成就，但其打印成本依旧很高，打印速度也不够快，无法满足当前汽车制造业对 3D 打印技术的更高要求。即便是目前最先进的金属 3D 打印设备，其生产速度也无法与传统的批量生产方式相匹敌。例如，最快的粉末床熔融 3D 打印设备，每小时的生产加工能力仅为 100cm^3，远远不能达到汽车制造领域对低成本、大批量生产的需求。因此，绝大多数的汽车零部件仍然采用传统的生产方式，比如铸造、锻造、机加工和冲压。

黏合剂喷射金属 3D 打印工艺有望解决这一难题，该工艺的最大优势就在于其能够实现金属 3D 打印的批量化生产，如图 6.42 所示。黏合剂喷射 3D 打印设备的成本比传统的激光 3D 打印设备更低，而且打印速度是激光粉末床熔融设备的数十甚至上百倍。这种工艺所使用的材料是传统的粉末冶金材料，价格比一般金属 3D 打印所用的球形金属粉末便宜很多。因此，利用黏合剂喷射工艺生产的零件的成本要比激光 3D 打印件低得多。该工艺已经被应用在一些工业零部件的生产制造中。总体而言，黏合剂喷射工艺在设备成本、材料成本和打印效率方面都优于目前常用的金属 3D 打印技术。

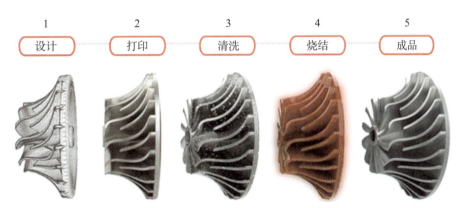

图 6.42　涡轮零件的黏合剂喷射工艺流程

如图 6.43 所示为汽车中的水泵轮零件，它是汽车发动机冷却系统中的关键部分。水泵轮通过旋转来产生压力，从而使冷却液从水箱流进发动机，再回流出来，形成一个循环。这个循环能确保发动机在运行时保持合适的温度，避免因过热而损坏。该水泵轮是作为一个整体来进行设计的，这样可以让其运行得更加高效，同时通过减重来增强其工作性能。

由于该水泵轮的形状结构十分复杂，无法通过传统的铸造或锻造方法进行生产，因此采用金属 3D 打印技术实现其加工制造。虽然可以采用选择性激光熔化（SLM）技术来打印这种零件，但是每个水泵轮的打印成本对于汽车生产而言还是很高的。通过黏合剂喷射金属 3D 打印技术，可以一次性批量制造多达 150 个水泵轮，单个零件的成本可以降低到 5 美元，从而提高金属 3D 打印技术在汽车零部件生产制造中的加工经济性。

图 6.43　利用黏合剂喷射工艺批量打印的汽车水泵轮

6.4 医疗健康领域

知识链接

3D打印已经成为一种改变传统生产方式的革命性技术，它在医疗领域的应用越来越广，正在成为推动临床医学进步的重要技术之一。3D打印技术能够精确打印出各种复杂且个性化的医用器官结构。

随着计算机软硬件、医学成像以及影像后处理技术的快速发展，各种个体化医用模型能够更加快捷、精确地在计算机中构建，使得3D打印技术在医学健康领域的应用越来越普及，用于快速制作各种个体化模型、辅助工具以及人工植入物等。

一、医疗模型创建

3D打印技术能够直观地重现病患的具体病灶情况，这一点在降低手术风险方面发挥了重要作用。通常情况下，CT扫描或核磁共振等医学检查的结果往往是黑白相间的影像，利用这些影像很难对一些复杂病灶进行精确诊断。

为了克服这一难题，医生会利用患者的CT或核磁共振数据，通过专业软件将其转换成适合3D打印的三维模型，随后使用3D打印机将这些三维模型打印成实物，得到一个精确的医疗模型。在手术前医生通过这些打印模型能够直观地查看到手术区域的三维结构，有助于医生规划合适的手术方案。尤其是在处理复杂手术时，这种3D打印的医疗模型能够显著降低手术风险，提升手术的成功率。

1. 神经外科模型

神经外科对手术的精确度要求很高。这是因为人的中枢神经系统极其复杂，包含了数以亿计的神经元、纷繁的纤维束和血管。如果在手术中不小心损伤了其中任何一个区域，患者可能会留下严重的后遗症，甚至有生命危险。因此，在手术前准确找到具体的病灶位置，对于提高手术的成功率和缩短手术时间至关重要。

借助3D打印技术，医生可以利用患者的CT扫描数据，制作出精确的三维器官模型，如图6.44所示。这些模型对医生的帮助很大，不仅能让医生更清楚地了解病变区域的解剖结构，还能用于实际手术前的模拟操作。此外，这些模型还能用于医患沟通，让患者更直观地了解自己的病情和手术过程。

图6.44 用于术前规划的脑神经打印模型

2. 胸外科手术模型

胸外科手术的风险系数也比较高，因为胸腔内包含了人体的一些重要血管，如主动脉、肺动脉、腔静脉、肺静脉以及心脏、气管等重要器官。在进行胸部肿瘤切除手术时，尤其是当肿瘤靠近或与这些重要器官粘连在一起时，准确的病情评估就对手术的成功至关重要。如果术前评估不准确，手术中可能会出现肿瘤切除不彻底，或者损伤到大血管、气管乃至心脏的情况，给患者带来无法挽回的伤害。

如图 6.45 所示，3D 打印的肿瘤手术模型能够清晰地显示肿瘤对周围组织的侵犯情况，特别是对血管、神经等关键细微组织的侵犯程度。这个 3D 打印模型让医生在手术前能够更好地了解肿瘤的情况，帮助他们制定更为精准的手术方案。这样可以减少手术中可能出现的并发症，提高手术的治疗效果和成功率。

图 6.45　用于术前规划的胸部肿瘤打印模型

二、手术导板制作

手术导板是医生在手术过程中用于辅助操作的一个重要工具，3D 打印的手术导板在精准外科手术中的辅助作用尤其显著。这种 3D 打印导板能够实现一些传统手术导板难以实现的复杂设计，从而更好地满足不同疾病或患者的特殊需求，显著提升手术的精确性，减少手术所需时间，为个性化医疗提供更多可能。

1. 膝关节截骨导板

膝关节炎的发作通常与关节的自然老化、受伤或过度使用有关，会使膝盖变得僵硬和发冷，严重时甚至影响正常活动。许多膝关节炎患者通常采用高位胫骨截骨手术来缓解疼痛，该手术通过调整患者的膝盖结构，将关节压力分散到磨损较少的区域，从而缓解患者膝关节处的病痛。但在传统手术中，医生所使用的"现成"钢板并不完全贴合每个患者的胫骨形状。

为解决这一问题，医生首先对患者的小腿和膝盖进行三维 CT 扫描；基于这些扫描数据，采用 3D 打印技术得到与患者胫骨完美匹配的钛合金板；同时还会打印一个专门为患者设计的个性化夹具，确保钢板放置的准确性。

利用 3D 打印的截骨导板进行膝关节手术，不仅能更精确地对齐膝盖，提高关节的稳定性，还能显著减轻患者的不适感，如图 6.46 所示。更重要的是，这种导板可以大幅缩短手术时间，原本 2h 才能完成的手术，现在只需大约 30min 就能完成。

2. 义齿种植导板

种植义齿凭借其出色的稳固效果、较高的舒适度，以及不损伤周边牙齿等优点，已经成为牙齿缺损患者的首选修复方案。传统的种植手术导板制作主要应用石膏模型上的热压膜工艺，虽然能够保证一定

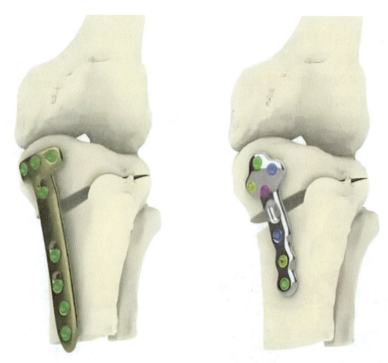

图 6.46　传统导板与 3D 打印导板的对比

的修复效果，但这种方法的精度不高，很大程度上依赖于医生的个人经验，很容易产生手术偏差。

相比之下，3D 打印的种植手术导板能更精确地指导牙科手术。这种导板可以清晰地显示种植体的具体位置、修复体的形状以及颌骨内部的解剖结构，从而有效降低手术风险，确保种植修复的效果。如图 6.47 所示，通过光固化 3D 打印技术和专用的牙科树脂，可以精确打印出符合要求的定制化手术导板，该导板在种植牙手术中的定位效果显著。

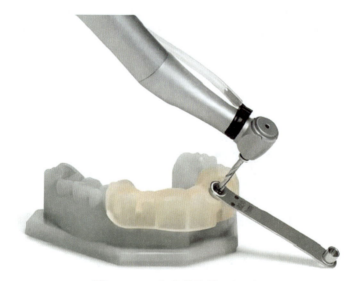

图 6.47　3D 打印的牙科手术导板

三、人工植入物定制

传统的膝关节置换手术通常使用标准尺寸的假体植入物，但这些植入物并不总能完美适配每个患者的骨骼特点。由于每个人的骨骼结构有所不同，加上一些患者可能存在骨缺损或其他复杂的疾病，这些标准化的假体植入物往往不能完全满足治疗要求。通过 3D 打印技术，医生能够为患者量身定制个性化的植入物。这种个性化植入物能够更精确地匹配患者的骨骼结构，从而提供更好的生物力学匹配性和更高的安全性，显著提升手术效果和患者的舒适度。

如图 6.48 所示为六种常用的 3D 打印植入物，设计这些人工植入物时还需考虑以下三个重要方面。

首先是植入物的整体外形设计，包括其高度、宽度、角度等外观特征，这些都需要与患者的骨骼形状相匹配。

其次是植入物的内部孔隙结构，包括孔隙的大小、形状、分布以及孔隙间的连接方式。这些孔隙对于骨骼的深度长入和新骨形成至关重要，同时也影响营养物质和血液的流通输送。

最后是具体的微观结构设计。这关系到如何让骨细胞更好地与植入物结合，促进新骨生长并最终实现骨骼与植入物的融合。

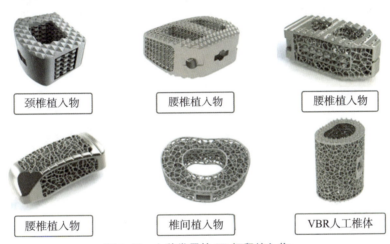

颈椎植入物　　　　腰椎植入物　　　　腰椎植入物

腰椎植入物　　　　椎间植入物　　　　VBR人工椎体

图 6.48　六种常用的 3D 打印植入物

植入物通过增材制造工艺被设计成独特的多孔结构，这种结构设计有助于骨骼细胞的活动和生长，从而增强骨骼在承受压力时的负载能力。传统的实心植入物就如同在血管中放置了一个障碍物，血液只能绕行流动；而多孔结构的植入物则像是打开了一个通道，可以让血液能够自由流动，如此一来，营养物质的输送就更加高效。这种多孔结构也有助于人体骨骼与植入物更好地融合，加快患者的康复过程，并减少假体周围可能出现的骨质疏松现象。

如图 6.49 所示，金属 3D 打印后的钛合金晶格植入物被用于骨科脊椎手术中。这种晶格植入物的设计非常复杂，其尺寸、材料、形状和孔隙率都是确保其有效性的重要因素。通过 3D 打印制作的钛合金植入物，其平均封闭孔隙率为 3%，可以使蛋白质和干细胞更快地附着在骨骼上以加速骨融合的进程。

图 6.49　用于骨科脊椎手术的 3D 打印植入物

如图 6.50 所示，可以利用大型金属 3D 打印机的打印平台，一次性打印完成 50 多个独立的脊椎植入物。这些打印后的人工植入物被植入人体后，其晶格结构中的孔洞为骨骼的基本单元——骨小梁和骨细胞提供充足的生长空间。随着时间的推移，骨小梁和骨细胞会逐渐填充这些孔洞，与钛合金植入物紧密结合在一起，使得钛合金与骨骼间的连接更加稳固，在患者的脊柱中形成坚固支撑，显著提升脊椎的整体强度，帮助患者恢复正常的生理功能。

图 6.50　骨科植入物的批量化金属 3D 打印

四、定制化康复辅具

借助 3D 打印技术，医生能够将计算机中的数字化影像转换成现实生活中的实体模型，为手术治疗和患者康复开辟了新路径。在外科康复领域，3D 打印技术能够精确复制患者需要康复的部位，制作出"量身定制"的个性化康复器具。

3D 打印在康复器具制作中的应用涵盖许多领域，包括矫形器、仿生手、移动辅具、信息沟通辅具等。3D 打印技术的真正价值不仅在于精确的个性化定制，更重要的是其可以取代传统的手工辅具制作方法，为患者提供更快、更好的康复支持。

1. 义肢定制打印

国家统计局数据显示，截至 2023 年，我国残疾人总数已经达到 8591.4 万人，其中肢体残疾的人数为 1735.5 万人。这些残疾人在日常生活中面临诸多不便，许多人需要依赖各种假肢来辅助他们的日常生活。假肢作为一种康复辅助器具，可以帮助截肢者重新获得一定的生活自理和工作的能力。由于每个患者的身体情况不同，假肢制作需要量身定制。

传统的假肢制作一般采用皮革、铝板等材料，制作后的假肢不仅外观不够美观，而且很难与残肢完美匹配。现在常用树脂成型工艺来制作假肢，先通过石膏绷带进行取型，然后进行翻模和修整，最后用树脂材料成型并进行组装，整个制作过程既复杂又耗时，而且也很难完全贴合患者的残肢。此外，传统的假肢成品往往很重、不透气、不防水，这些都影响了患者的使用体验。患者在取模过程中需要花费大量时间，同时可能因为操作不当而造成二次伤害。

随着三维扫描和 3D 打印技术的快速发展，假肢设计和制造过程已经逐步实现了数字化，如图 6.51 所示。这两个新技术不仅减少了对人工经验的依赖，还使得假肢的定制过程更加简单快捷。更重要的是，3D 打印技术还能实现更复杂的结构设计，如轻量化、透气镂空以及个性化外观等。这些都大大简化了假肢的制作流程，减轻了制作师的工作量，还有效提高了假肢制作质量，极大地改善了残障人士的取型和穿戴体验。

2. 脊椎侧弯矫正

脊柱侧弯是脊柱的一种三维畸形问题，会导致身体变形，对青少年的成长发育产生不良影响。在极端情况下，还可能影响心肺功能甚至损伤脊髓，造成瘫痪。根据 2017 年中国儿童发展中心对上万名小学生的脊柱普查结果可知，脊柱不健康的孩子所占的比例高达 68.8%，脊柱侧弯发病率达到 20%。

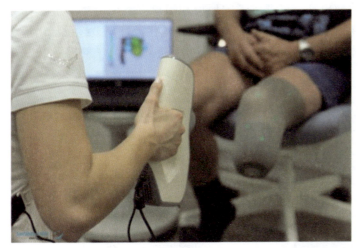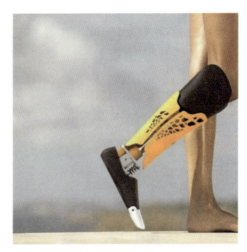

图 6.51　基于三维扫描和 3D 打印的假肢数字化设计与制造

通常使用矫正器治疗脊柱侧弯。传统的矫正器制作过程较为复杂，包括石膏取型、修型、热塑板贴附、裁剪、打磨以及安装内衬扎带等步骤。这种矫正器的价格相对较低，且可以进行二次加热修整。但其缺点也显而易见，比如制作的流程烦琐复杂，患者需要参与体验感较差的石膏取型。此外，石膏矫正器的制作效率很低，一个矫形师一天只能制作完成 3～5 个矫正器。而且传统矫正器的体积较大，对青少年的学习生活造成较大影响。

相比之下，3D 打印的脊柱侧弯矫正器具有更好的治疗效果，如图 6.52 所示。利用 3D 打印技术制作矫形器时，可以大幅简化制作流程，提高制作效率，同时还能改善患者的治疗体验。青少年佩戴上这种既美观又轻便的矫正器后，可以最大程度地减少其对日常生活的影响。

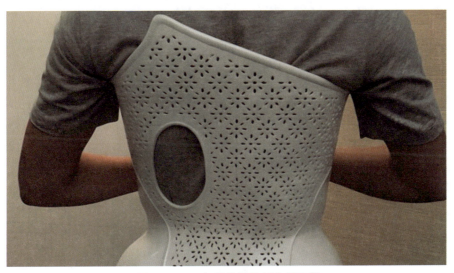

图 6.52　3D 打印的脊柱侧弯矫正器

如图 6.53 所示为 3D 打印制作脊柱矫正器的具体步骤。

首先，矫形师会使用一种便携式白光扫描仪对患者的身体进行三维扫描。扫描过程对患者来说非常方便，不需要穿上任何防护服，且在扫描过程中也不会有身体接触，扫描时间通常不超过 1min。完成三维扫描后，患者就可以回家等待矫正器制作完成，相比传统的通过石膏取模来制作矫正器，三维扫描的方式大大改善了患者的体验感。

矫形师接下来会得到扫描后的躯干 CAD 曲面模型。根据患者的病情和治疗方案，结合 X 光影像数据，矫形师会在专业软件中对模型进行修改，包括形状修整、厚度增加和轻量化处理，最终设计出适合 3D 打印的脊椎侧弯矫正器 STL 模型。根据具体的病例的复杂程度，整个过程通常需要 2～3h。

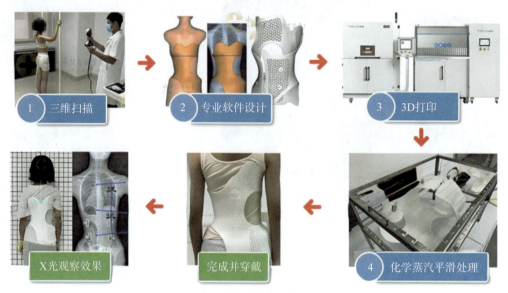

图 6.53 3D 打印矫正器的制作流程

之后就可以使用选择性激光烧结（SLS）技术来打印矫正器。这种 3D 打印技术使用尼龙粉末作为原材料，能够快速精确地打印定制化的脊柱矫正器。矫正器打印完成后，还会进行化学蒸汽平滑处理，使打印后的矫正器更加柔韧，同时具备防水性和耐脏性，可有效防止细菌滋生。最后给矫正器安装上内衬和扎带，就可以提供给患者穿戴了。

五、数字化口腔齿科

近年来，随着数字化技术的飞速发展，口腔临床医学领域不再依靠传统影像学技术来获取口腔数据，而是利用三维影像学和光学扫描技术来实现更加便捷和精确的口腔数据采集。3D 打印技术在口腔医学中的应用也越来越广泛，许多牙科诊所和实验室都已经开始采用数字化口腔技术来提高诊疗效率，降低运营成本，更好地满足患者需求。

3D 打印技术在口腔医学中具有独特的优势。首先，由于每个人的牙齿都是独一无二的，3D 打印技术能够根据每位患者的具体牙齿特征进行定制，为齿科产品的个性化制作提供了极大便利。其次，人的牙齿结构相当复杂，传统制作方法制作的齿科产品往往精度不高，导致患者在使用时非常不适；而 3D 打印技术能够精确打印牙齿的复杂结构，大幅提升患者的舒适度。最后，与传统制作方法相比，3D 打印技术可以大幅缩短齿科产品的制造时间，让牙科患者得到快速而有效的治疗，缩短整个治疗过程。

1. 正畸牙模

在牙齿正畸治疗过程中，医生过去常常使用石膏模型来帮助诊断和治疗。但是石膏模型对环境湿度的要求非常高，很容易因为受潮而发生变形，并且石膏材质也非常脆弱，在临床使用中很容易被损坏。

如今可以通过口内扫描直接获取牙齿数据，并利用这些数据进行数字化建模。然后通过光固化 3D 打印技术，利用树脂材料打印制作出牙齿模型。这种 3D 打印树脂模型在精度、强度和实用性方面都优于传统的石膏模型，而且制作过程快捷方便。

　　光固化 3D 打印是目前齿科领域广泛使用的一种 3D 打印技术，如 DLP（数字光处理）光固化打印和 LCD（液晶显示）光固化打印。这类 3D 打印技术使用光敏树脂作为原材料，通过计算机控制的光源使光敏树脂凝固成型，能够全自动、快速地制作传统加工方法难以实现的复杂立体结构，如图 6.54 所示。光固化 3D 打印技术的应用，极大地提高了牙科模型的制作效率与品质。

2. 齿科种植与修复

　　在制作 3D 打印种植牙时，医生首先需要获取患者剩余牙齿根部和牙槽骨的医学影像数据；然后从这些数据中提取设计仿生牙根和周围牙槽骨结构所需的数据信息，并利用这些信息设计三维模型。完成模型设计后，医生会将模型转换成适合 3D 打印的文件格式并发送到 3D 打印设备，接下来就开始种植牙的实体打印。

　　3D 打印种植牙技术的最大优点是它能够一次性打印出包含牙根的整个牙齿结构。在治疗过程中只需要进行微创拔牙、植入种植体和安装牙冠几个步骤，而且种植牙与原有牙槽之间可以无缝结合。这种技术不仅减少了患者的痛苦，还缩短了治疗周期，大幅降低了治疗费用。如图 6.55 所示，合金种植牙的钛金属牙根和氧化锆基台就是通过金属 3D 打印制作的。

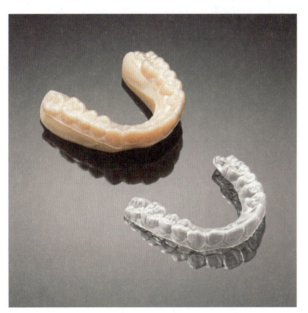

图 6.54　3D 打印的正畸树脂牙模

图 6.55　3D 打印的合金种植牙

素养园地

　　在探讨增材制造应用领域时，着重培养学生的创新意识和使命感。介绍增材制造在航空航天、生物医学、教育科研等领域的突破性应用，强调这一技术对国家科技进步和产业升级的重要性。引导学生认识到作为新时代的接班人，应积极投身科技创新，将个人发展与国家利益紧密结合。通过案例分析，培养学生的国际视野和竞争意识，让他们明白增材制造是推动我国走向制造强国的重要支撑，从而激发学生为国家和民族的发展贡献力量的责任感和使命感。

 单元考核

考核情况评分表

学生姓名		学号		班级	
评价内容	工业生产中的增材制造（25分）	航空航天中的增材制造（25分）	汽车制造中的增材制造（25分）	医疗健康中的增材制造（25分）	其他
学生自评（30%）					
组内互评（30%）					
教师评价（40%）					
合计					
教师评语					
总成绩				教师签名	
日期					

参考文献

［1］高孟秋，赵宇辉，赵吉宾，等.增减材复合制造技术研究现状与发展［J］.真空，2019，56（6）：68-74.

［2］顾波.增材制造技术国内外应用与发展趋势［J］.金属加工（热加工），2022（3）：1-16.

［3］卢秉恒.增材制造技术——现状与未来［J］.中国机械工程，2020，31（1）：19-23.

［4］孔祥忠.SLA光固化3D打印成型技术研究［J］.中国设备工程，2021（11）：207-208.

［5］衡玉花，毛贻桅，冯琨皓，等.金属粉末床粘结剂喷射3D打印关键问题的研究现状与展望［J］.电加工与模具，2024（2）：1-14＋72.

［6］杨德安.3D打印材料产业发展现状及建议［J］.现代工业经济和信息化，2023，13（2）：29-31.

［7］方莹，吕莎.浅谈3D打印材料产业发展现状及建议［J］.中国设备工程，2022（14）：3.

［8］陶永亮，杨建京.高分子材料3D打印应用与案例［J］.橡塑技术与装备，2024，50（2）：35-41.

［9］杨璟，端木晨雪，周子钰.3D打印陶瓷材料技术研究进展［J］.机械研究与应用，2023，36（4）：182-186.

［10］高志凯.逆向工程和3D打印技术在工业设计中的应用［J］.设备管理与维修，2021（20）：100-102.

［11］胡宗政，王方平.三维数字化设计与3D打印 高职分册［M］.北京：机械工业出版社，2020.

［12］殷红梅，刘永利.逆向设计及其检测技术［M］.北京：机械工业出版社，2020.

［13］郝敬宾，王延庆.面向增材制造的逆向工程技术［M］.北京：国防工业出版社，2021.

［14］黄明吉.数字化成形与先进制造技术［M］.北京：机械工业出版社，2020.

［15］陈静，侯伟，周毅博，等.增材制造使能的航空发动机复杂构件快速研发［J］.工程设计学报，2019，26（2）：123-132.

［16］武嘉伟.从规模经济与范围经济的角度思考汽车制造商应用增材制造的三个阶段［J］.时代汽车，2021（24）：20-21.

［17］陈盛贵，李开武，王立超，等.陶瓷增材制造技术在齿科领域的应用现状［J］.机电工程技术，2021，50（8）：11-15＋100.

图书在版编目（CIP）数据

增材制造技术基础 / 邱小云，薛翔，刘伟主编.
北京：中国人民大学出版社，2025.1. -- （新编 21 世纪
高等职业教育精品教材）. -- ISBN 978-7-300-33660-2

Ⅰ. TB4

中国国家版本馆 CIP 数据核字第 20254C7Y77 号

“十四五”新工科应用型教材建设项目成果
新编 21 世纪高等职业教育精品教材·装备制造类
增材制造技术基础
主 编 邱小云 薛 翔 刘 伟
Zengcai Zhizao Jishu Jichu

出版发行	中国人民大学出版社			
社 址	北京中关村大街 31 号		**邮政编码**	100080
电 话	010 - 62511242（总编室）			010 - 62511770（质管部）
	010 - 82501766（邮购部）			010 - 62514148（门市部）
	010 - 62515195（发行公司）			010 - 62515275（盗版举报）
网 址	http://www.crup.com.cn			
经 销	新华书店			
印 刷	北京瑞禾彩色印刷有限公司			
开 本	890 mm×1240 mm 1/16		**版 次**	2025 年 1 月第 1 版
印 张	11		**印 次**	2025 年 1 月第 1 次印刷
字 数	310 000		**定 价**	49.50 元